计算机辅助设计课程教学规划教材

Photoshop CS4 中文版标准实例教程

三维书屋工作室

李磊 刘阳 蔡坤 等编著

机 械 工 业 出 版 社

Photoshop CS4 的功能在 Photoshop CS3 的基础上又有一定的改进，全新的文件浏览器和增强的数码相片处理功能等是其新增功能的闪光点。

本书分为基础篇和应用篇，从 Photoshop 的基本概念入手，由浅入深，通过大量的精彩实例透彻解析 Photoshop 图像编辑的强大功能以及图层、通道和路径在实际当中的应用。其中，广告、海报、艺术作品等实例不仅介绍 Photoshop 的操作技巧，而且讲述了其构思设计过程，相信通过这些实例，读者的艺术与创作灵感会得到一定的启发。

全书内容全面，讲解透彻，实例丰富，适合于各个大中专院校艺术设计专业作为课堂授课教材使用，也适合于艺术设计爱好者作为自学教材。

本书除利用传统的纸面讲解外，随书配送了多功能学习光盘。光盘中包含全书讲解实例和练习实例的源文件素材。并制作了全程实例动画同步语音讲解 AVI 文件。为方便教师授课需要，光盘还包括本书 PPT 电子教案。

图书在版编目（CIP）数据

Photoshop CS4/中文版标准实例教程/李磊等编著. —北京：
机械工业出版社，2010.4
计算机辅助设计课程教学规划教材

ISBN 978-7-111-30164-6

Ⅰ．①P⋯　　Ⅱ．①李　　Ⅲ．①图形软件，Photoshop CS4
—教材　　Ⅳ．①TP391.41
中国版本图书馆 CIP 数据核字(2010)第 048691 号

机械工业出版社（北京市百万庄大街 22 号　邮政编码 100037）
责任编辑：曲彩云　　　　责任印制：王胜利
北京鹰驰彩色印刷有限公司 印刷
2010 年 5 月第 1 版第 1 次印刷
184mm×260mm · 17.25 印张 · 2 插页 · 454 千字
0001—4000 册
标准书号：ISBN 978-7-111-30164-6
　　　　　　ISBN 978-7-89451-496-7（光盘）
定价：58.00 元（含 1DVD）
凡购本书，如有缺页、倒页、脱页，由本社发行部调换
销售服务热线电话（010）68326294
购书热线电话（010）88379639　88379641　88379643
编辑热线电话（010）68327259
封面无防伪标均为盗版

Photoshop CS4

Photoshop CS4中文版标准实例教程

Photoshop CS4

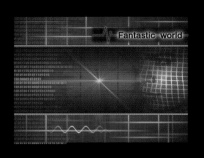

Photoshop CS4

Photoshop CS4中文版标准实例教程

前　言

Photoshop 是 Adobe 公司推出的目前最优秀的平面设计软件，其可操作性和功能的多样化给人留下了深刻印象，受到广大平面设计爱好者的广泛赞誉。Photohsop CS4 作为 Photohsop 家族中的最新成员，工作界面秉承了 Photoshop CS3 的特点，功能比 Photoshop CS3 更加强大。

本书旨在揭开 Photoshop CS4 的神秘面纱，兼顾到 Photoshop 基础知识的学习和实践练习两个方面，将全部内容分为 9 章：第 1 章主要介绍 Photoshop CS4 的工作界面、Photoshop CS4 的十大新增功能以及数字图像和图像处理的相关知识；第 2 章主要介绍 Photoshop CS4 的图像编辑命令和图像调整命令。第 3~6 章分别介绍图层、通道、路径和动作的基础知识、各种关键操作以及在实际当中的应用；第 7 章主要讲解 Photoshop 自带滤镜和部分精彩外挂滤镜（KTP6.0、Eye Candy4000 和 Xenofex1.0 等）的功能和用法；第 8 章单独介绍文本工具以及特效字的处理方法；第 9 章主要介绍 Photoshop CS4 的网络功能，并简要介绍了 ImageReady CS2 在网络和动画等方面的应用。应用篇的每一章都有根据该章内容而精心设计的实例，并有详细的操作步骤，每一章后均附有练习题，供读者复习和巩固已学知识。

本书除利用传统的纸面讲解外，随书配送了多功能学习光盘。光盘中包含全书讲解实例和练习实例的源文件素材。并制作了全程实例动画同步语音讲解 AVI 文件。利用作者精心设计的多媒体界面，读者可以随心所欲，轻松愉悦地学习本书。为配合教师授课需要，随书光盘还配送本书 PPT 电子教案。

全书内容全面，讲解透彻，实例丰富，适合于各个大中专院校艺术设计专业作为课堂授课教材使用，也适合于艺术设计爱好者作为自学教材。

本书由三维书屋工作室总策划，主要由河南财经学院的李磊老师、河南大学艺术学院环境艺术系的刘阳老师和河南大学计算机学院的蔡坤老师编写，其中李磊执笔编写了第 6、8、9 章，刘阳执笔编写了第 1、2、3 章，蔡坤执笔编写了第 4、5、7 章。郑州航空管理学院的孙建华、宗思生和焦斌 3 位老师也参与了部分编写工作。此外，胡仁喜、陈波、熊慧、周冰、董伟、袁涛、王兵学、李鹏、周广芬、李瑞、陈丽芹、李世强、张日晶、刘昌丽、康士廷、王敏、王佩楷、郑长松、王文平等同志在整理材料方面给予了编者很大的帮助。

限于编者水平，书中的内容选材和叙述讲解难免有不当之处，欢迎广大读者联系 win760520@126.com 提出宝贵的意见和建议。

编　者

目　录

第1章 Photoshop CS4 概述

【本章主要内容】

Photoshop 作为优秀的专业图形处理软件，在许多领域有着广泛的应用。Photoshop CS4 作为 Photoshop 家族中的新成员，在工作界面和功能上有一定的改进。本章主要简要介绍 Photoshop CS4 新增功能的特点及图像处理的相关知识。

【本章学习重点】

- Photoshop CS4 新增功能
- 图像处理的相关知识

1.1 Photoshop 的应用

Photoshop 的推出给图像处理带来了一场深刻的革命，图像处理各个行业的从业人员纷纷抛弃传统的手工绘图方式，改用计算机来进行广告设计和艺术创作，在世界范围内掀起了一场计算机图像处理热潮。

Photoshop 自从 1990 年问世以来，经过不断的升级，功能不断得到完善，到如今的 Photoshop CS4，已经成为集图像编辑和网络功能于一身的出色的图像处理软件。Photoshop 强大的功能使其在许多领域得到广泛的应用，如使用 Photoshop 设计平面广告、招贴画、电影海报和进行图像创作等等，图 1-1～图 1-6 列举几幅作品，看看 Photoshop 在实际中的应用。

图 1-2 招贴画设计

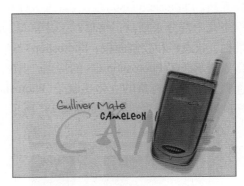

图 1-3 广告设计

图 1-1 封面设计

图 1-4 电影海报设计

图1-5 绘画创作

图1-6 艺术创作

1.2 Photoshop CS4 工作界面

要熟练地使用 Photoshop 必须首先熟悉其工作界面。Photoshop CS4 的工作界面大体可以从以下几个部分来划分：菜单、工具箱与工具属性栏、状态栏和控制面板。Photoshop CS4 的工作界面承袭了 Photoshop CS 的特点，其工作界面精美，凹凸有质的立体感赋予 Photoshop CS4 良好的视觉外观，其界面如图1-7 所示。

图1-7 Photoshop CS4 工作界面

1.2.1 主菜单与快捷菜单

1．主菜单

Photoshop CS4 中包括了一个提供主要功能的主菜单。要打开某项主菜单，可单击该菜单项或

在按下 Alt 的同时按下中文菜单名后面带下划线的英文字母。例如，要打开"编辑（E）"菜单项，可按 Alt+E 组合键，打开后如图1-8 所示。

打开菜单项后可直接选择要执行的命令，也可在未打开主菜单项的情况下按组合快捷键，如要执行图层的向下合并命令，可按 Ctrl+E。菜单中的暗灰色菜单项表示该命令在当前编辑状态下不可用，可用菜单项会在鼠标移至该处时以高亮显示。另外，某些菜单项后跟有"▶"符号，说明该菜单项下还有子菜单，鼠标放在该项时其子菜单会自动弹出，如图1-8 所示。如果某菜单项后跟有"…"，表示单击该菜单项将打开一对话框，供用户设置参数，然后才能执行该命令。

菜单栏上共有 9 个主菜单："文件"、"编辑"、"图像"、"图层"、"选择"、"滤镜"、"视图"、"窗口"和"帮助"。这里只是对主菜单有个大体的认识，各个主菜单中部分重要命令的应用会在后面的章节中进行介绍。

图1-8 主菜单

2．快捷菜单

为了方便操作，Photoshop CS4 还提供了另一类菜单，即快捷菜单，它以单击鼠标右键的方式打开，当然是在有快捷菜单可用的情况下才能打开。打开一副图片，在图片中单击鼠标右键，将弹出一快捷菜单，如图1-9 所示。

快捷菜单命令的选择和主菜单命令的选择一样。快捷菜单的目的是为了方便用户使用，其实，快捷菜单中的大多数命令在主菜单中都能找到。值得注意的是，在不同的编辑状态下，快捷菜单不仅仅会发生子项可用与不可用的变化，有时菜单的选项也会不同。比如在上图的图像中制作一选区，然后在选区中单击鼠标右键，将弹出一新的快捷菜单，与先前的快捷菜单有所不同，如图 1-10 所示。

图 1-9　快捷菜单

图 1-10　制作选区后的快捷菜单

要关闭快捷菜单，可按 Esc 键、Alt 键或 F10 键，在制作好选区的情况下，不能通过单击快捷菜单区域外位置来关闭快捷菜单，因为这将取消当前选区，关闭主菜单时也应注意这个问题。既然 Photoshop CS4 给我们提供了快捷菜单，用户应尽量利用，以提高工作效率。

1.2.2　工具箱与工具属性栏

1．工具箱

工具箱是 Photoshop CS4 工作界面中非常重要的组成部分，其外观如图 1-11、图 1-12 所示。变成可伸缩的，可为长单条和短双条。

工具箱中包含了 40 余种工具，包括选择工具、绘图工具、路径工具、颜色设置工具，以及显示控制工具等等。要使用某种工具，只需单击该工具即可。被选择的工具处于下陷状态，颜色上会与其他工具有所区分。要查看工具的名称，可将鼠标移至该工具处，稍停片刻，系统将自动显示工具提示，给出名称。鼠标置于某工具上时请注意工具颜色的变化，如图 1-12 所示。

如果稍加注意就会发现在有些工具的右下角有一个小三角形符号："►"，表示该工具位置上存在一个工具组，其中包括了若干个相关工具。若想选择一工具组中的另一工具，可用鼠标单击该工具组并按住鼠标左键不放，此时会弹出一包含若干工具的"工具单"，接着就可以选择想要的工具了。以选择工具组为例，弹出的"工具单"如图 1-13 所示。

工具箱多了快速选择工具，是魔术棒的快捷版本，可以不用任何快捷键进行加选，按住不放可以像绘画一样选择区域。选项栏也有新、加、减三种模式可选，快速选择颜色差异大的图像会非常的直观、快捷。

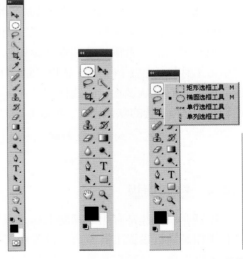

图 1-11　长单条　图 1-12　短双条　图 1-13　工具组

Photoshop CS4 设置了工具选择的快捷键，如移动工具的快捷键为 V，橡皮擦的快捷键为

E，快速蒙版的快捷键为 Q 等等，这里就不一一介绍了。

工具箱的下部为前景色背景色显示区和特殊功能按钮。

■ 为前景色背景色显示区，当前显示的为前景色为黑色，背景色为白色，这是默认值。单击箭头 ↰ 可切换前景色与背景色。单击 ■ 可将前景色和背景色设为默认值（黑白），不管之前把它们设为了何种颜色。

▢ 为编辑模式按钮，默认的是标准模式编辑图像，单击按钮变成红色 ▢ 表示以快速蒙版模式编辑图像。

▢ 为屏幕显示模式按钮组，可按快捷键"F"进行切换功能依次为准屏幕模式（即常用模式）、带有菜单栏的全屏显示模式和全屏幕模式，用户可以根据图像的大小自己选择合适的显示模式，以方便工作。

2．工具属性栏

工具属性栏位于主菜单下面，可通过执行"窗口"｜"选项"命令打开或关闭。当选择某个工具后，工具属性栏将显示该工具的相关设置与属性。例如，如果选择了画笔工具，则可利用属性栏设置画笔大小、模式、不透明度、流量等属性，也可单击属性栏右侧的"切换画笔调板"按钮到画笔调板中进行设置。如果在工具属性被修改后希望恢复其默认设置，可右键单击工具属性栏上该工具，选择"复位工具"恢复该工具的默认设置，或选择"复位所有工具"恢复所有工具的默认设置，如图1-14所示。

图 1-14　工具属性栏

1.2.3　控制面板

控制面板是非常有用的辅助工具，用户可以利用控制面板设置工具参数、设置和选择颜色、编辑图像、显示信息等，操作起来非常方便。要显示某控制面板，可先打开"窗口"菜单，然后选择该控制面板名称对应的菜单项即可。

Photoshop CS4 为用户提供了 13 个控制面板，它们被组合放置在控制面板窗口中，如图1-15 所示。

图 1-15　控制面板

图示组合只是 Photoshop CS4 的默认设置，用户可以根据需要对它们进行任意分离、移动和组合，也可将面板拖动到调板窗中。移动面板的操作很简单：鼠标左键按住要移动的面板对应的标签不放，移动鼠标到目的位置即可。如果用户在对控制面板进行重新组合后想恢复其默认设置，可执行"窗口"｜"工作区"｜"复位调板位置"命令。

要显示控制面板窗口，可选择"窗口"菜单中的对应面板菜单项；要关闭控制面板窗口，可单击控制面板右上角的"×"按钮。单击控制面板对应的标签，可在控制面板窗中非常方便地切换各控制面板。

提示

按下Shift+Tab组合键可在保留工具箱的情况下，显示或隐藏所有控制面板；如果仅按下Tab键，将隐藏工具箱和所用的控制面板。如果要处理较大的图像，工具箱和控制面板影响对图像的观察时，这些键将派上用场。

下面对控制面板进行简单地介绍，其余控制面板将会在后面的章节中涉及到。

- 导航器：用于控制显示图像的大小和区域，如图 1-16 所示。当图像被放大超出当前窗口时，可将鼠标定位至该控制面板，此时鼠标呈 🖐 状，拖动即可调整图像窗口中所显示的图像区域。导航器中的小图为整个图像区域，红色方框为当前显示区域。用户可以设置左下角的百分数来改变图像的显示比例，也可拖动下方的三角形来改变显示比例。百分数越大，图像也会越大，但是过于放大会使图像的显示效果变差。

图 1-16　导航器控制面板

- 信息：用于显示鼠标所在位置的坐标和颜色值，并在下部显示当前使用的工具或正在进行的操作的提示信息，如图 1-17 所示。当选用了某些工具进行区域选择或旋转时，还可以显示选区的尺寸和旋转角度。

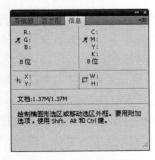

图 1-17　信息控制面板

- 直方图：显示的是图像的曝光情况，从

左至右黑色柱线的高低依次表示图像暗部到亮部像素数量的多少，图 1-18 所示为一幅正常曝光图像的直方图，从直方图可看出，该图像具有从亮度到暗部的所有细节，并且没有像素溢出。而图 1-19 所示直方图显示对应的图像缺少暗部细节，并且高光溢出，即图像的亮部细节已经损失。

利用直方图，可方便地观察照片的曝光准确度。直方图还可根据用户的操作动态变化，这有利于对自己的操作过程进行精确控制。

 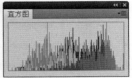

图 1-18　直方图　　　图 1-19　直方图控制面板

- 颜色：用于选择和设置颜色，如图 1-20 所示。该面板显示 R，G，B 的色彩值，可以拖动滑杆上的小三角形改变颜色，也可直接在右方的方框中输入数值。当鼠标移至下方的颜色条时，会自动变为吸管工具，此时可进行颜色采样。面板中两个重叠的正方形区域分别显示当前选中的前景色和背景色，上面的为前景色，下面的为背景色。

- 色板：通过色板控制面板可直观地选取颜色，如图 1-21 所示。在色板中 Photoshop CS4 提供了 122 种预设好的颜色，供用户直接选取，用户只需将鼠标置于要选取的颜色块上，鼠标自动变为吸管工具，单击可改变工具箱中的前景色，按住 Alt 键单击鼠标可改变背景色。为了方便使用，用户也可以将自己设定的颜色放于该面板中，为此，只需将前景色设置为要存放的颜色，然后单击色板下方的 🖫 按钮即可。

- 样式：如图 1-22 所示，利用该面板，

5

可快捷地将保存的图层样式应用到图层当中。面板中的小图直观地表现了该样式的效果。如果用户想将某图层样式运用到图层当中，在选中图层后，直接单击该样式即可，这将大大减少图像处理的工作量。用户可以设置个性化的样式，在对某个图层的效果处理完毕后，如果此效果今后可能还会用的上，可在选中该图层后单击样式面板中的 按钮将其保存为新的样式。

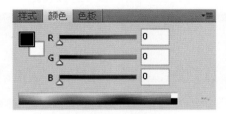

图1-20　颜色控制面板

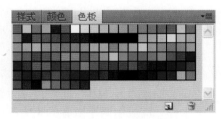

图1-21　色板控制面板

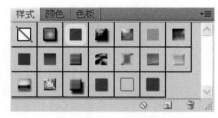

图1-22　样式控制面板

- 字符控制面板：如图1-23所示，通过此面板，可以设置输入的文本的字体，颜色，大小，字间距，行间距，排列方式等属性。
- 段落控制面板：如图1-24所示，通过该面板可对输入文字的段落进行管理。面板上方左侧的一组按钮用来调整段落中各行的模式，中间一组按钮

用来调整段落的对齐方式，右侧的按钮控制段落的最后一行是否两端对齐。在中间的框中输入数字可调整各种缩进量，最下面的"连字"复选框确定文字是否与连字符链接。

图1-23　字符控制面板

图1-24　段落控制面板

提示
单击各控制面板右上角的 按钮，将弹出相应菜单，选择各菜单项可以对控制面板进行更多的操作。

1.2.4　状态栏

状态栏位于窗口最底部，它由两部分组成，其中左侧区域用于显示图像窗口的显示比例，和导航器中的比例相同，用户可输入数值后按Enter键来改变显示比例；右侧区域用于显示图像文件信息或系统辅助信息。

单击并按住状态栏中的小三角符号"▶"可打开如图1-25所示的菜单，选择"显示"子菜单中的菜单项可查看相关信息，其意义简述如下：

图 1-25　状态栏菜单

- 文档大小：显示当前文件大小。其中左侧数字表示该图像在不含任何图层和通道等数据的情况下的大小，右侧数字表示当前图像的全部文件大小，包括图层和 Photoshop 所特有的数据。
- 文档配置文件：用此方式显示时，状态栏上将显示文档颜色等简要信息。
- 文档尺寸：用此方式显示时，显示文档的标尺尺寸，如 10 厘米×10 厘米。
- 暂存盘大小：选择此方式，状态栏上将显示两个数字，左侧的数字代表图像文件所占用的内存空间，右侧数字代表计算机可供 Photoshop 使用的内存。
- 效率：此方式将显示 Photoshop 的工作效率，如果该数值经常过低，则表示计算机硬件可能已无法满足要求。
- 计时：此方式将以秒为单位显示执行上一次操作所花费的时间。
- 当前工具：选择此项后，状态栏上将显示当前所选择的工具。

如果在状态栏的图像文件信息区按下鼠标左键不放，则可以查看图像的打印预览情况。其中两条对角线覆盖的区域表示图像的尺寸，灰色的矩形区域代表打印纸张大小，如图 1-26 所示。

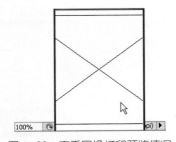

图 1-26　查看图像打印预览情况

如果在按住 Alt 键的同时，在图像文件信息区按下鼠标左键不放，可以查看图像的宽度、高度、通道和分辨率等信息。如图 1-27 所示。

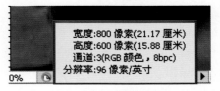

图 1-27　查看图像信息

1.2.5　调板窗

位于窗口右上角的调板窗是从 Photoshop 7.0 开始就有的窗口，用户可以将任意一个控制面板拖放到该窗口中。

Photoshop CS4 默认的调板窗中有画笔调板、工具预设调板和图层复合调板，其中的画笔调板如图 1-28 所示。

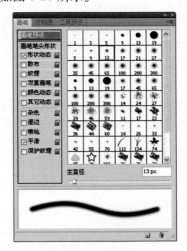

图 1-28　画笔调板

1.3　Photoshop CS4 新增功能

1.3.1　配置要求

Photoshop CS4 建议使用 2G 以上的内存，需要支持 OpenGL 和 SM3.0 的独立显卡，需要 WindowsXP Service Pack 3 等。如果没有这些也可以运行，只是性能受到影响，个别功能不可用。

1.3.2 概述

Photoshop CS4 是 Adobe 公司历史上最大规模的一次产品升级 两个版本的 Photoshop CS4 分别是：

Adobe Photoshop CS4 充分利用无与伦比的编辑与合成功能、更直观的用户体验以及大幅工作效率增强。

Adobe Photoshop CS4 Extended 获得 Adobe Photoshop CS4 中的所有功能，外加用于编辑基于和动画的内容以及执行高级图像分析的工具。

1.3.3 全新的界面

在界面方面，Photoshop 又重新设计了新的界面样式，去掉了 Windows 本身的"蓝条"，直接以菜单栏代替，在菜单栏的右侧，有一批应用程序按钮，常用的操作功能都在这里，比如移动、缩放、显示网格标尺、新的旋转视图工具等。在 CS4 中打开多个页面后，会以选项卡式文档来显示，因此还多出了一个排列文档下拉面板，它可以控制多个文件在窗口中的显示方式，如图 1-29 所示。用户浏览图片将会有畅快淋漓的感觉，Photoshop CS4 的图像查看基于 OpenGL 图形加速，在任何显示百分比下都可以无锯齿的查看图像。并且通过旋转视图工具，还可以 360° 旋转画布，特别适合使用 Photoshop 绘画的用户，如图 1-30 所示。

图 1-29 Photoshop CS4 界面

1.3.4 新增调整面板

新增的调整面板，功能和调整图层基本相同，不过色阶、曲线等以按钮形式出现会更加直观和方便。在调整面板的下半部分，还增加了一些常用的调整预设，比如更暗、更亮或增加对比度之类，极大地提升了工作效率，如图 1-31 所示。

图 1-30 画布可随意旋转

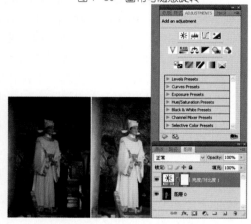

图 1-31 调整面板及相关的调整预设

在调整面板中，新增了一个自然饱和度（Vibrance）调整命令，这是源自 Camera Raw 的一个叫做"细节饱和度"的功能。和色相/饱和度命令类似，可以使图片更加鲜艳或暗淡，相对来说 Vibrance 效果会更加细腻，会智能地处理图像中不够饱和的部分和忽略足够饱和的颜色。而色阶和曲线等面板也做了一些小的更新，增加了一些方便操作的功能，，如图 1-32 所示。

图 1-32 自然饱和度面板

1.3.5 减淡、加深和海绵工具

在 Photoshop CS4 中重新设计了减淡、加深和海绵工具，这 3 个一程不变的工具终于有了出头之日。直观来看，减淡、加深工具增加了保护色调（Protect Tones），海绵工具增加了细节饱和度（Vibrance）选项。在处理图片时，可更好地保留原图的颜色、色调和纹理等重要信息，避免过分处理图像的暗部和亮度，修改后看上去会更加自然，如图 1-33 所示。

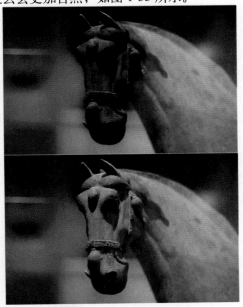

图 1-33 传统加深（上）和保护色调加深（下）效果对比

1.3.6 内容感知型缩放

通常使用自由变换功能压缩和扩展图片时，其中所有元素都随之缩放，出现变形和扭曲。而使用 Photoshop CS4 的内容识别比例(Content Aware Scale)命令，当图像被调整为新的尺寸时，会智能地、按比例保留其中重要的区域。如果在之前，缩放后需要大量、复杂的修补工作，如图 1-34 所示。

1.3.7 图像自动混合

将曝光度、颜色和焦点各不相同的图像（可选择保留色调和颜色）合并为一个经过颜色

校正的图像。

1.3.8 更好的原始图像处理

使用行业领先的 Adobe Photoshop Camera Raw 5 插件，在处理原始图像时实现出色的转换质量。该插件现在提供本地化的校正、裁剪后晕影、TIFF 和 JPEG 处理，以及对 190 多种相机型号的支持。

图 1-34 自由变换（上）和内容感知缩放（下）效果对比

1.3.9 更远的景深

使用增强的自动混合层命令，可以根据焦点不同的一系列照片轻松创建一个图像，该命令可以顺畅混合颜色和底纹，现在又延伸了景深，可自动校正晕影和镜头扭曲。

1.3.10 业界领先的颜色校正

体验大幅增强的颜色校正功能以及经过重新设计的减淡、加深和海绵工具，现在可以智能保留颜色和色调详细信息。

1.3.11 层自动对齐

使用增强的自动对齐层命令创建出精确的合成内容。移动、旋转或变形层，从而更精确地对齐它们。也可以使用球体对齐创建出令人惊叹的全景。

1.3.12 改进的 Adobe Photoshop Lightroom 工作流程

在 Adobe Photoshop Lightroom 软件（单

独出售)中选择多张照片，并在 PhotoshopCS4 中自动打开它们，将它们合并到一个全景、高动态光照渲染(HDR)照片或多层 Photoshop 文档。并无缝往返回到 Lightroom。

1.3.13　渐变滤镜

可以很好地处理因为相机测光不准而造成的天空细节不够或地面风景曝光不足的情况。并且能够使调整后的天空和地面能够完美的融合。同样你可以调整其曝光、对比度、锐化等。该滤镜就像浮在图像上的一层透明罩，可以随意调整其角度、高度，并且可以为一张图片添加多个这样的滤镜。

1.3.14　使用 Adobe Bridge CS4 有效管理文件

以更快的启动速度快速访问 Adobe Bridge CS4，使用新工作区转到每个任务的正确屏幕，轻松创建 Web 画廊和 PDF 联系表等。

1.3.15　更强大的打印选项

借助出众的色彩管理、与先进打印机型号的紧密集成，以及预览溢色图像区域的能力实现卓越的打印效果。Mac OS 上的 16 位打印支持提高了颜色深度和清晰度。

1.3.16　Photoshop CS4 支持 GPU 加速

有了 GPU 加速支持，用 Photoshop 打开一个 2GB、4.42 亿像素的图像文件将非常简单，就像在 Intel Skulltrail 八核心系统上打开一个 500 万像素文件一样迅速，而对图片进行缩放、旋转也不会存在任何延迟；另外还有一个 3D 加速 Photoshop 全景图演示，这项当今最耗时的工作再也不会让人头疼了。

Photoshop CS4 的另一个让人印象深刻的新功能是不但可以导入 3D 模型，还能在其表面添加文字和图画，并且就像直接渲染在模型表面一样自然。

1.4　图像处理的相关知识

计算机处理的都是数字化的信息，图像必须转化为数字信息以后才能被计算机识别并处理。借助计算机数字图像处理技术，我们可以在 Photoshop 工作区中浏览不同形式的图像，并对它们进行处理，创作出现实世界无法拍摄到的图像。

1.4.1　图像的分类

数字图像可分为两大类：矢量图和点阵图。下面分别进行介绍。

● 矢量图

矢量图形，是由叫做矢量的数学对象所定义的直线和曲线组成的。CorelDRAW、Adobe Illustrator、FreeHand、AutoCAD 等软件可直接绘制矢量图形。矢量根据图形的集合特性进行描述，矢量图要经过大量的数学方程的运算才能生成。矢量图形中的各种景物由数学定义的各种几何图形组成，放在特定位置上并填充特定的颜色。移动、缩放景物或更改景物的颜色不会降低图像的品质，因此，在矢量图中将任何图元进行任意比例地放大或缩小，不会影响图的清晰度和光滑度，也不会影响图的打印质量。矢量图形是文字和粗图形的最佳选择，这些图形在缩放到不同大小时都将保持清晰的线条。图 1-35 所示为矢量图原图和放大 10 倍后的图像对比，可看出放大后图像没有质量损失。

图 1-35　矢量图放大前后对比

提示

矢量图在计算机屏幕上还是以像素显示的，因为计算机显示器必须通过网格上的像素来显示图像。另外，矢量图的色彩不够丰富，而且在各软件之间不易进行转换，这是矢量图的不足之处。

● 点阵图

点阵图即位图，是由许多不同颜色的小方格组成的图像，其中每一个小方格称为像素（pixel）。由于位图文件在存储时必须记录画面中每一个像素的位置、色彩等信息，因此占用空间较大，可以达到几兆、几十兆甚至上百兆。位图图像与分辨率有关。所谓分辨率，即单位长度上像素的数目，其单位为像素/英寸（pixels/inch）或是像素/厘米（pixels/cm）。相同尺寸的图像，分辨率越高，效果越好，打印时能够显现出更细致的色调变化。但是，点阵图毕竟以像素为基础，一幅图的像素是一定的，当把图放大若干倍后，就可看到方格形状的单色像素，因此位图不宜过分放大。图 1-36 所示为位图原图和放大 10 倍后的图像对比，可以看出放大后的图像出现明显的像素颗粒。

图 1-36　位图放大前后对比

1.4.2　图像文件格式

图像文件格式即一幅图像或一个平面设计作品在计算机上的存储方式。Photoshop 支持的图像文件格式很多，这里介绍几种常用的文件格式。

● PSD、PDD 格式

这两种文件格式是 Photoshop 专用的图像文件格式，它有其他文件格式所不能包括的图层、通道以及一些专用信息，这是用 Photoshop 处理图片时必不可少的元素。另外，在打开和存储这两种格式的文件时，Photoshop 能表现出较快的速度，同时，这两种图像格式对图像的质量没有丝毫损伤，因此，在使用 Photoshop 处理图片时，如果工作没有完成，都应该存储为 PSD 或者 PDD 格式。

但是，这种文件格式有一些缺点，即所占的空间较大、和别的许多软件不通用等。因此，在存储最终作品时，如果没有必要，最好不要用 PSD、PDD 文件格式。

● BMP 格式

BMP 英文全称是 Windows Bitmap，它是微软 Paint 的格式，正因为是微软的东西，它被多种软件所支持，也可以在 PC 和苹果机上通用。BMP 格式颜色多达 16 位真彩色，质量上没有损失，但这种格式的文件比较大。

大家对这个格式应该不陌生，Windows 的壁纸，就需要用到 BMP 格式的文件。

● GIF 格式

GIF 英文全称是 Graphics Interchange Format，即图像交换格式，这种格式是一种小型化的文件格式，它只用最多 256 色，也即索引色彩，但支持动画，多用在网络传输上。

● TIF 格式

TIF 英文全称是 Tag image File Format，标签图像格式。这是一种最佳质量的图像存储方式，它可存储多达 24 个通道的信息。它所包含的有关的图像信息最全，而且几乎所有的专业图形软件都支持这种格式，用户在存储自己的作品时，只要有足够的空间，都应该用这种格式来存储，才能保证作品质量没有损失。

这种格式的文件通常被用来在 Mac 平台和 PC 之间转换，也用在 3Ds 与 Photoshop 之间进行转换。这是平面设计专业领域用得最多的一种存储图像的格式。

当然，它也有缺点，那就是体积太大，对于 TIF 格式的图片，软盘从来都是无能为力的，因为在实际应用中，几乎没有多少 TIF 格式的图片能够小于一张软盘的容量。

● JPG 格式

JPG(JPEG) 英文全称是 Joint Photographic Experts Group，这是一种压缩图像存储格式。用这种格式存储的图像会有一定的信息损失，但用 Photoshop 存储时可以通过选择"最佳"、"高"、"中"和"低" 4 种等级来决定存储 JPG

图像的质量。由于它可以把图片压缩得很小，中等压缩比大约是原 PSD 格式文件的 1/20。一般一幅分辨率为 300dpi 的 5in 图片，用 TIF 存储要用近 10MB 左右的空间，而 JPG 只需要 100KB 左右就可以了。所以在传输图片时，如用网络、软磁盘，就最好选择这种存储格式。这样一来，一张 3in 软磁盘就大约可以存储近 10 张高质量的图片。现在几乎所有的数码照相机用的就是这种存储格式。

1.4.3 图像颜色模式

目前，在各种图像文件中最常用的颜色模式主要有 RGB、CMYK、Lab、索引颜色模式和双色调模式等。在 Photoshop CS4 中，要查看图像的颜色模式或要在各种颜色模式之间进行转换，可打开"图像"|"模式"菜单，进行适当地选择。菜单选项如图 1-37 所示。

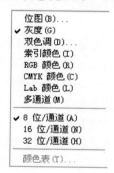

图 1-37 模式菜单

下面简要介绍各种颜色模式的特点。

● RGB 模式

又称"真彩色模式"，是电脑美工设计人员最熟悉的色彩模式。RGB 模式是将红（Red）、绿（Green）、蓝（Blue）3 种基本颜色进行颜色加法（加色法），配制出绝大部分肉眼能看到的颜色。Photoshop 将 24 位 RGB 图像看作由 3 个颜色信息通道组成：红色通道，绿色通道和蓝色通道。其中每个通道使用 8 位颜色信息，每种颜色信息是由 0~255 的亮度值来表示的。这三个通道通过组合，可以产生 1670 余万种不同的颜色。屏幕的显示基础是 RGB 系统，印刷品无法用 RGB 模式来产生各种颜色，所以 RGB 模式多用于视频、多媒体和网页设计上。图 1-38

所示为 RGB 模式的图像，图 1-39 所示为通道控制面板显示的该图像各通道的颜色信息。

图 1-38 RGB 图像

● CMYK 模式

这是一种印刷模式，其中的 4 个字母分别是指青色（Cyan）、洋红（Magenta）、黄色（Yellow）和黑色（Black），这四种颜色通过减色法形成 CMYK 颜色模式，其中的黑色是用来增加对比以弥补 CMY 产生黑度不足之用。在每一个 CMYK 的图像像素中，都会被分配到 4 种油墨的百分比值。CMYK 模式在本质上与 RGB 模式没有什么区别，只是在产生色彩的原理上有所不同。图 1-40 所示为 CMYK 模式的图像，图 1-41 所示为该图像各通道的颜色信息。

图 1-39 RGB 通道的颜色信息

图 1-40 CMYK 图像

图 1-41 CMYK 通道的颜色信息

<table>
<tr><td colspan="2">提示</td></tr>
</table>

提示
RGB 模式一般用于图像处理，而 CMYK 模式一般只用于印刷。因为 CMYK 模式的文件较大，会占用更多的系统资源，而且在这种模式下，Photoshop 提供的很多滤镜都不能使用。因此，只是在印刷时我们才将图像转换为 CMYK 模式。

● Grayscale 模式

又叫灰度模式，是 Photoshop 处理图像的过程中广泛运用的一种模式。灰度图像中只有灰度颜色而没有彩色，其每个像素都以 8 位或 16 位表示，介于黑色与白色之间的 256 ($2^8=256$) 或 64K ($2^{16}=64$K) 种灰度中的一种。Photoshop 将灰度图像看成只有一种颜色通道的数字图像。要设置灰度级别，可选择"图像" | "模式"中的"8 位/通道"或"16 位/通道"。图 1-43 显示了一幅 8 位深的灰度图像。

图 1-43 8 位深灰度图像

● Bitmap 模式

又称线画稿或位图模式。位图模式图像的每个像素仅以 1 位表示，即其强度要么为 0，要么为 1，分别对应颜色的黑与白。要将一幅彩色

图像转换为位图图像时，应首先将其转换为 256 级灰度图像，然后才能将其转换为位图图像。在灰度图像转换为位图图像时，系统将打开图 1-44 所示对话框。可通过该对话框选择输出图像的分辨率和转换方法。各转换方法的意义如下（均用图 1-43 所示灰度图像转换）：

➤ 50%阈值：由灰度值 128 一分为二，高于 128 为白色，低于 128 为黑色，此时产生黑白分明的图像轮廓。50%阈值效果如图 1-45 所示。

➤ 图案仿色：通过叠加一些几何图形来显示灰度，产生较丰富的层次感。图案仿色效果如图 1-46 所示。

图 1-44 位图对话框

图 1-45 50%阈值效果图

图 1-46 图案仿色效果图

➢ 扩散仿色:从图像左上角的第一个像素开始对灰度值求偏差,高于 128 为白色,低于 128 为黑色。这种算法能较好地保持源图像信息。扩散仿色效果如图 1-47 所示。

图 1-47 扩散仿色效果图

➢ 半调网屏:以半色调网点的方式产生黑白图像,用户可选择网频、网角、网眼形状来进行转换。半调网屏效果如图 1-48 所示。

图 1-48 半调网屏效果图

➢ 自定图案:以自定义的底纹在黑白图像中模拟灰度成分。选择图 1-44 中所示图案进行变换,得到图 1-49,感觉似乎在一面暗墙上画有一只金钱豹。这样,可以利用自己设定的图案制作各种各样特殊的效果。

● Lab 模式

Lab 颜色模式是以一个亮度分量 L(Lightness)以及两个颜色分量 a 与 b 来表示颜色的。a 分量代表由绿色到红色的光谱变化,而 b 分量代表由蓝色到黄色的光谱变化。通常情况下,Lab 模式很少使用。该模式是 Photoshop 的内部颜色模式,它是图像由 RGB 模式转换为 CMYK 模式的中间模式。

图 1-49 自定图案(砖墙)效果图

● HSB 模式

此模式是利用色相(Hue)、饱和度(Saturation)和亮度(Brightness)3 种基本向量来表示颜色的。在 Photoshop 中,用户不能将其他模式转换为 HSB 模式,因为 Photoshop 不直接支持这种模式,它只是提供了一个调色板而已,用户只能利用该模式辅助调整图像颜色。

● 多通道模式

选中该模式后,系统将根据源图像产生相同数目的新通道,但该模式下的每个通道都为 256 级灰度通道(其组合仍为彩色)。这种显示模式通常被用于处理特殊打印,例如,将某一灰度图形以特别颜色打印。如果 RGB、CMYK 或 Lab 颜色模式中的某个通道被删除了,图像会自动转换为多通道模式。

1.4.4 图像处理专业词汇

在使用 Photoshop 的过程中我们经常会遇到一些关于图像的专业词汇,对专业词汇的理解将有助于我们更好地把握图像处理的技巧。这里,我们来看看几个常用的专业词汇。

● 色调

色调表示光的颜色,它取决于光的波长,和光的频率直接有关。频率越高的光,视觉感觉越冷,我们称之为冷色调;反之频率越低的光，视觉感觉越温暖，我们称之为暖色调。

● 饱和度

饱和度表示光的彩色深浅度或鲜艳度，取决于彩色中的白色光含量，白光含量越高，即彩色光含量就越低，色彩饱和度即越低，反之亦然。其数值为百分比，介于 0%～100% 之间。纯白光的色彩饱和度为 0%，而纯彩色光的饱和度则为 100%。

● 对比度

对比度则是屏幕上同一点最亮时（白色）与最暗时（黑色）的亮度的比值，高的对比度意味着相对较高的亮度和呈现颜色的艳丽程度。

● 亮度

亮度和对比度有些相似，都是用来表示一幅图像中明暗区域的相互关系，不同的是亮度主要用来表示明暗色调间的平衡，也就是明暗色调间的强度，而对比决定的则是明暗层次的数目。

● 色域

所谓色域是指颜色系统能够显示或打印的颜色范围，人的肉眼所能看到的颜色范围要比所有颜色模型所能表示的色域宽得度。

在颜色模式中，Lab 模式所能表示的色域最大，完全涵盖了 RGB 与 CMYK 色域。而 CMYK 模式所能表示的色域最小，它只能包含那些可以打印的颜色。当某些颜色无法被显示或打印时，它们被称为溢出颜色，这表示它们超出了 CMYK 的色域。

在 Photoshop CS4 中打开拾色器（在工具箱中单击前景色或背景色小方框），当用户选取的颜色超过选定的 CMYK 色域时，系统将会给出一个警告标记⚠。单击该标记，系统将自动选取一种与该颜色最相近的颜色；当用户选取的某种颜色未在 Web 调色板中，系统也将给出一个 Web 调色板警告标记⬤，如图 1-51 所示。同样，单击该标记，系统将自动选取一种与该颜色最相近的 Web 调色板颜色。

注意图 1-50 中 RGB、CMYK、HSB、Lab

颜色模式的各个分量的值，特别是在实际操作过程中，选取不同颜色时各值的变化，大概了解其变化规律。

提　示

所谓溢色是对与选定的颜色方案而言的，在 Photoshop CS4 中，用户可通过执行"编辑" | "颜色设置"命令打开"颜色设置"对话框，然后在对话框中选择所使用的 RGB、CMYK、Web 等颜色方案。

图 1-50　拾色器

要查看 RGB 等非 CMYK 模式的图像的溢色情况，可执行"视图" | "色域警告"命令，此时溢色区域将以灰色显示，如图 1-52 所示。

图 1-51　原图

● 像素

像素是（pixel）最小的图像单元，这种最小的图形的单元在屏幕上显示通常是单个的染色点。

图1-52 溢色警告

像素是图像中不可分割的元素，即它是位图的最小表示单位，每幅位图均是由若干像素组合而成，像素越多，图像越逼真。每个像素都有自己特定的颜色值，像素颜色值改变的宏观表现就是图像颜色的变化。记录每个像素所占有的存储空间决定了图形的色彩丰富程度。例如，假定每个像素占用 1 位，其值只能为 0 或 1，则图像只能有两种颜色（黑或白）；如果每个像素占用8位，其值可在 0～255 之间变化，则图像可有 256 中颜色（通常所说的灰度图）。

- 分辨率
  - 图像分辨率

指打印图像时，在每个单位上打印的像素数，通常以"像素/英寸"（ppi）来衡量。

  - 显示器分辨率

指在显示器中每单位长度显示的像素或点数，通常以"点数/英寸"（dpi）来衡量。显示器的分辨率依赖于显示器尺寸于像素设置，PC计算机显示器的典型分辨率通常为 96dpi，Mac OS 显示器的典型分辨率通常为 72dpi。

  - 打印机分辨率

与显示器分辨率类似，打印机分辨率也以"点数/英寸"来衡量。如果打印机的分辨率为 300dpi 到 600dpi，则图像的分辨率最好为 72ppi 到 150ppi；如果打印机的分辨率为 1200dpi 或更高，则图像的分辨率最好为 200ppi 到 300ppi。

通常情况下，如果希望图像仅用于显示，可将其分辨率设置为 72 或 96ppi（与显示器分辨率相同）；如果希望图像用于印刷输出，则应将其分辨率设置为 300ppi 或更好。

本章小结

本章主要介绍了 Photoshop CS4 的工作界面和图像处理的相关知识，了解数字图像的知识将有助于更好地使用 Photoshop 处理图像。这一章对 Photoshop CS4 的新增功能也做了简要的介绍，有助于读者了解 Photoshop CS4 的新特点。

1.5　思考与练习

- Photoshop CS4 的新增功能有哪些？
- Photoshop 支持哪些图像文件格式？
- 什么是像素？

答案：

- Photoshop CS4 的新增功能有哪些？各有何特点？
  （1）全新的文件浏览器 Adobe Bridge
  （2）处理数码照片原始数据文件
  （3）支持 32 位 HDR 图像
  （4）"镜头校正"滤镜
  （5）"减少杂色"滤镜
  （6）"智能锐化"滤镜
  （7）污点修复画笔工具
  （8）红眼工具
  （9）消失点工具
  （10）"方框模糊"、"形状模糊"和"表面模糊"等滤镜

- Photoshop 支持哪些图像文件格式？
  PSD、BMP、GIF、TIF、JPG 等。

- 什么是像素？
  像素是（pixel）最小的图像单元，这种最小的图形的单元在屏幕上显示通常是单个的染色点。

  像素是图像中不可分割的元素，即它是位图的最小表示单位，每幅位图均是由若干像素组合而成，像素越多，图像越逼真。

第2章 Photoshop CS4 图像操作与编辑基础

【本章主要内容】

Photoshop CS4 有着非常强大的图像编辑功能，丰富的操作命令可以对图像进行随心所欲地处理。本章着重介绍 Photoshop CS4 的部分重要图像编辑命令和图像调整命令。

【本章学习重点】

- 图像编辑命令
- 图像调整命令

2.1 Photoshop CS4 图像编辑

2.1.1 制作选区

制作选区是 Photoshop 非常重要的操作之一，通常情况下各种编辑操作只对当前选区内的图像区域有效，选区的精确与否直接关系到处理图像的质量。例如，我们希望将一幅图像中人的眼睛变亮，而其他部分不变，这就需要首先选择眼睛部位，然后按要求进行处理。

1. 利用工具箱制作选区

Photoshop CS4 的工具箱中提供了制作选区的各种工具，如图 2-1 所示。

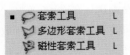

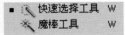

图 2-1 选择工具

用矩形选择工具和椭圆选择工具可制作任意的矩形和椭圆形选区，如果同时按下 Shift 键，选区将被约束为正方形和圆形，如图 2-2 所示。

单行和单列选择工具制作的选区宽度均为 1 个像素。套索工具和多边形套索工具允许用户手工绘制选区，如图 2-3 和图 2-4 所示。

图 2-2 Shift 键约束正方形和圆形选区

图 2-3 套索工具　　图 2-4 多边形套索工具

套索工具和多边形套索工具使用时受人为因素的影响较大，往往不能很精确地选择图像区域，而磁性套索工具能自动分析图像边缘，从而较精确地选择图像。选择磁性套索工具，工具属性栏将如图 2-5 所示。磁性套索工具属性栏部分选项的意义说明如下：

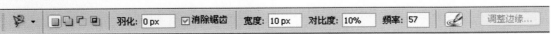

图 2-5 磁性套索工具属性栏

- "宽度"文本框：变化范围为 1～40，值越小，工具自动检测边缘宽度的范围越小。

- "边对比度"文本框：变化范围为 1%～100%，值越大，对比度越大，边界定位也就越准确。
- "频率"文本框：在 0～100 之间，值越大，在定位边界时产生的节点越多。

磁性套索工具使用方法：在图像窗口中单击确定选区起点，然后释放鼠标，并沿要定义的边界移动鼠标，当鼠标回到起点，工具图形右下方会出现一小圆圈，此时单击即可得到闭合选区。磁性套索工具使用示意图如图 2-6 所示。

图 2-6　磁性套索工具定义选区

提示
只有在要选择图像的边界较明显时才可使用磁性套索工具。在沿边界移动的过程中，如果系统自动产生的节点不够精确，可按Delete删除最近的节点，然后在边界单击手工定义节点。

魔术棒工具用于自动定义颜色相近的区域。当一幅图像中的某些部分颜色相近，而我们又希望选择该区域时，可用魔术棒工具进行选择。魔术棒工具的属性栏如图 2-7 所示。

图 2-7　魔术棒工具属性栏

在工具属性栏中，用户可设置相关参数：

- "容差"文本框：设置颜色选取范围，其值可为 0～255。值越小，选取的颜色越接近。

- "连续的"复选框：选中该复选框，表示仅选取连续的区域；取消该复选框，系统将对整个图像进行分析，然后选取与单击点颜色相近的全部区域，这和选取了一小部分区域后执行"选择"|"选取相似"命令的作用相同。
- "用于所有图层"复选框：确定是否对当前显示的所有图层统一进行分析。

要选取上例中的除老鹰以外的蓝色部分，即可利用魔术棒工具，设置容差为 50（因为图中的蓝色并不是很均匀），在蓝色区域中单击，选择结果如图 2-8 所示。

图 2-8　用魔术棒工具选取蓝色区域

任何选择工具的属性栏中都有一排按钮，从左至右，各按钮的意义分别为新建选区、选区相加、选区相减及选区相交。

选择工具的属性栏中（魔术棒工具除外）还有一"羽化"文本框，用户可在此文本框中设置选区的羽化参数，注意，只有在制作选区前设置羽化参数才有效。如果想羽化已经制作好选区，可执行"选择"|"羽化"命令打开"羽化选区"对话框进行设置。对选区进行填充的效果如图 2-9 所示，右侧为对选区羽化后的填充效果。

如果选中属性栏中"消除锯齿"复选框，Photoshop 会在锯齿之间填入介于边缘和背景的中间色调的颜色，从而使锯齿的硬边变得较为平滑。

提示
要取消选区，可按Ctrl+D组合键，或在选中选择工具的情况下在图像中单击。

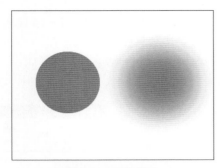

图 2-9 羽化效果

2. 利用"色彩范围"命令制作选区

执行"选择" | "色彩范围"命令将打开如图 2-11 所示的"色彩范围"对话框，用户可通过在图像窗口中指定颜色来定义选区，并可通过指定其他颜色来增加或减少选区。对话框中部分选项和工具的意义如下：

- "选择"下拉列表：用户可从中选择选区定义方式，默认情况下，系统是根据样本色进行选择的。当用户将鼠标移至图像窗口或预览窗口时，鼠标会变为吸管状 ，单击即可指定样本色，此时还可通过拖动颜色容差滑杆来调整颜色选取范围。选择溢色方式，可将印刷上无法印出的颜色区选出来。
- "颜色容差"：在使用样本色选取时指定颜色范围。
- "选择范围/图像"单选按钮：指定预览窗口中图像的显示方式。
- "选区预览"下拉列表：用于指定图像窗口中的图像选择预览方式。
- "反相"复选框：反转选区，和执行"选择" | "反选"命令意义相同。
- 按钮：在使用样本色进行区域选择时，单击不同的按钮可确定选区的增减方式。从左至右依次为：制作新选区、增加选区和减少选区。

下面通过实例说明"色彩范围"制作选区的方法：

（1）打开一幅花瓣图，如图 2-10。我们要选取紫色和黄色花瓣区域。

（2）选取紫色花瓣区域。打开"色彩范围"对话框，通过取样本色进行选取，颜色容差初始值为 30，预览图显示选取范围，鼠标在图像窗口的紫色花瓣上单击，结果如图 2-11 所示。

图 2-10 打开图像

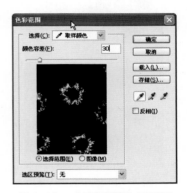

图 2-11 "色彩范围"对话框

（3）选取范围不够理想，调整颜色容差值到 90，效果如图 2-12 所示。

图 2-12 调整颜色容差到 90

（4）选取黄色花瓣。选择 ✎ 按钮，表示在原选区上增加选区。同样对颜色取样，鼠标在图像窗口的黄色花瓣上单击，结果如图 2-13 所示。

（5）单击"确定"按钮，得到最终的选取范围如图 2-14 所示。

图 2-13　增加黄色花瓣选区

图 2-14　制作选区效果

3．选区的调整

（1）移动选区。将鼠标移至选区，将会变为 ⤵ 形状，此时单击并拖动鼠标即可移动选区。如果在移动时按下 Shift 键，只能将选区沿水平、垂直或 45°方向移动；如果在移动时按下 Ctrl 键，则可移动选区中的图像。

提示
也可使用键盘上的上、下、左、右键移动选区和图像。

（2）修改选区"选择"｜"修改"子菜单中有 4 个选区修改命令：

- 扩边：可沿当前选区边界制作边界形状

选区，边界的宽度可为 1～64 像素。选区扩边效果如图 2-15 所示。

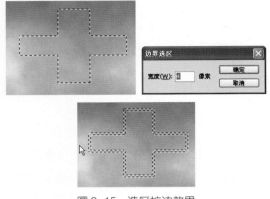

图 2-15　选区扩边效果

- 平滑：该命令将使选区的边界趋于平滑，如直角变为圆角。对话框中的取样半径越大，边界越平滑。平滑选区效果如图 2-16 所示。

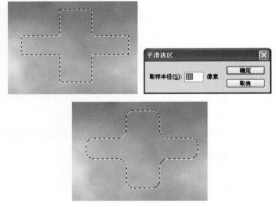

图 2-16　平滑选区效果

- 扩展：此命令会使选区向外扩大指定像素宽度，扩展量可为 1～16 像素。扩展选区效果如图 2-17 所示。
- 收缩：此命令会使选区向内收缩指定像素宽度，收缩量可为 1～16 像素。收缩选区效果如图 2-18 所示。

（3）选区的变换。有时，用各种工具制作的选区并不完全符合要求，需要对其进行调整，Photoshop 提供了变换选区命令，使用户能自由变换选区。

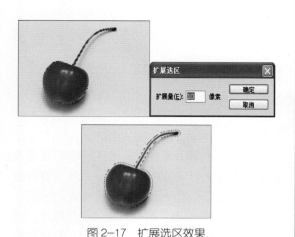

图 2-17 扩展选区效果

图 2-18 收缩选区效果

要调整选区，执行"选择"｜"变换选区"命令，选区即进入自由变换状态。若此时在图像中右击鼠标，将打开一个快捷菜单，可选择其他的变换方式。各种变换方式的特点如图 2-19 所示。

另外，快捷菜单中还有"旋转"和"翻转"命令，用户可执行这些命令将图像旋转固定的角度或进行水平和垂直翻转。

在各种变换方式下，均可任意移动选区。

自由变换状态是缩放和旋转的综合，也就是说在这种状态下，既可以缩放选区又可以旋转选区。在缩放选区时，若按下 Shift 键，选区的高度和高度之比将固定不变。变换四边形的中心有一✧符号，它表示旋转中心，把鼠标移至该符号附近，将会变为▸•形状，此时可拖动

✧到图中任意位置设定旋转中心。

执行"变换选区"命令时，工具属性栏将如图 2-20 所示。

快捷菜单

缩放变换

旋转变换

斜切变换

扭曲变换

透视变换

图 2-19 选区的各种变换方式

可通过在属性栏中设置各参数对选区进行移动、缩放、斜切和旋转变形。当选区符合我们想要的形状后，可单击属性栏最右侧的✔按钮，或者在选区内双击鼠标确定；如果想撤销变换，可单击❍按钮或按 Esc 键取消。单击工具属性栏上的按钮，可在自由变换和变形模式之间切换，变形模式状态下的工具属性栏如图 2-21 所示，用户可在"变形"下拉列表中选择变形方式，得到特殊效果。

图 2-20　变换选区工具属性栏

图 2-21　变形模式状态下的工具属性栏

（4）选区的载入与存储。当选区制作好之后，在以下情况下可以考虑对其进行存储：

- 选区的制作比较复杂。
- 在后面的操作中还会用到，并要求其精确的形状及位置。

执行"选择" | "存储选区"命令可保存选区，保存后的范围将成为一个蒙版，并显示在通道控制面板中，存储选区时可通过"存储选区"对话框进行"选区所属文件"、"通道或蒙版"、"名字"和"选区运算方式"等相关设置。当需要时，可以将其从通道控制面板中装载入图像。如图 2-22 所示，选取出鸟的区域，将其存储到新的通道中，此时通道控制面板如图 2-23 所示。

图 2-22　要存储的选区

图 2-23　选区在通道控制面板中的显示

要装载存储的选区，可执行"选择" | "载入选区"命令打开"载入选区"对话框，选择存储选区的通道或蒙版，或者在按下 Ctrl 键后在通道面板中单击要载入的选区所在的通道或直接单击选区对应的图层蒙版。另外，用户也可以载入某个图层中的图像形状对应的选区，为此，按下 Ctrl 键，然后单击该图层即可。图 2-24 所示为图层面板，按下 Ctrl 键，并将鼠标移到名为"小狗"的图层上，注意鼠标的形状，此时单击，就能将"鹦鹉"状选区载入到图像中，如图 2-25 所示。

图 2-24　载入"鹦鹉"图层选区

4．选区的填充与描边

填充：在选区制作好之后如果执行"编辑" | "填充"命令，将弹出如图 2-26 所示的"填充"对话框，在此对话框中可设置填充参数，如填充的"颜色"或"图案"、"模式"和"不透明度"等。

图 2-25　载入"鹦鹉"图层选区后的效果

图 2-26 "填充"对话框

描边：在选区制作好之后如果执行"编辑"｜"描边"命令，将弹出如图 2-27 所示的"描边"对话框，在此对话框中可设置描边参数，如"宽度"、"颜色"、"位置"、"模式"和"不透明度"等。

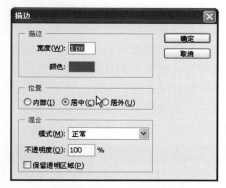

图 2-27 "描边"对话框

2.1.2 图像变换

在介绍制作选区的过程中，我们讲到了选区的变换，图像的变换和选区的变换基本相同，只不过这里是针对图像而已。

"编辑"｜"变换"菜单和选区变换的快捷菜单基本相同，只增加了一条"再次"命令，可重复上一次变换中的操作。如在变换中执行了顺时针旋转 15º 的操作，如果在应用变换之前还要将图像顺时针旋转 15º，执行"再次"命令就可方便地实现图像旋转。

通常情况下，变换只对选区内的图像有效。如果没有制作选区，那么变换命令针对的是当前活动图层中的全部图像。

在变换的过程中也可右击鼠标，在弹出的快捷菜单中更改变换方式，各种变换方式的特

点见选区变换部分的介绍。

图 2-28 所示为图像变换命令的简单应用，在图像中制作正方形选区，用斜切等变换命令制作立方体效果。

图 2-28 图像变换的应用

2.1.3 定义图案和画笔

Photoshop 允许自己定义图案和画笔，以便填充或绘画时使用。

1. 定义图案

用选择工具在图像中选取出要定义为图案的区域，执行"编辑"｜"定义图案"命令，将弹出"图案名称"对话框，在对话框中输入新图案的名称，如图 2-29 所示。要使用刚才定义的图案填充图像，可执行"编辑"｜"填充"命令，在弹出的"填充"对话框中选择相应的图案，然后单击"确定"按钮，填充效果如图 2-30 所示。

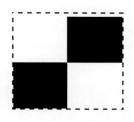

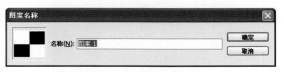

图 2-29 定义图案

图 2-30　用自定义图案填充图像

2．定义画笔

用选择工具在图像中选取出要定义为画笔的区域，执行"编辑"｜"定义画笔"命令，将弹出"画笔名称"对话框，在对话框中输入新画笔的名称，如图 2-31 所示。新定义画笔的使用方法和系统自带画笔使用方法相同，图 2-32 显示了用刚才定义的画笔绘画的效果图。

图 2-31　定义画笔

图 2-32　使用自定义画笔绘画

2.1.4　调整画布

我们都知道，在一张画板上绘画时，绘画的区域仅限制在画板之内，想在画板以外画图是不可能的。

Photoshop 的画布就如现实世界中的画板，我们对图像的处理几乎都是在画板的可视范围内完成的，但我们在处理图像的过程中可能会遇到这种情况，由于图像整体结构的需要，要将图像在宽度或高度上增加或减少一定的尺寸，可能在图像的两侧也可能仅在一侧进行尺寸调整。如果用图像调整命令，超出画布范围的部分将无法看到，而且图像可能会被拉伸变形，因此将对画布进行调整达到目的。

执行"图像"｜"画布大小"命令，将打开如图 2-33 所"画布大小"示对话框。

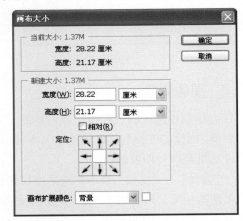

图 2-33　画布大小对话框

对话框的上面部分显示当前画布的尺寸及文件大小，下面部分为调整区，用户在"宽度"和"高度"文本框中输入变化后的画布大小，单位可在右侧的下拉列表中进行选择，如果将"相对"复选框选中，在"宽度"和"高度"文本框中输入的数值将表示画布的变化量，如图 2-34 所示。在"定位"区域中可设置画布扩展或缩小的方向，如图 2-33 所示为全方位对称扩展，图 2-34 所示为向下扩展和左右对称扩展。

"画布扩展颜色"下拉列表用户选择填充画布扩展区域的颜色，默认为背景色。我们用 2-34 所示对话框中的设置调整图 2-35 所示图像的画布大小，如图 2-36 所示，当前背景色为蓝色。

图 2-35　调整前

图 2-34　画布大小对话框

图 2-36　调整画布大小

另外，还可以进入"图像"｜"旋转画布"子菜单选择适当的命令以一定的角度旋转画布或水平、垂直翻转画布。

图 2-37　画笔工具属性栏

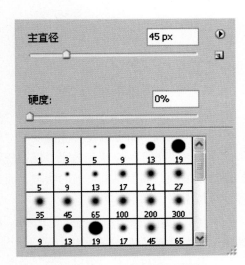

图 2-38　"画笔尺寸"面板

在此面板中可在文本框中输入数字或通过

拖动滑杆来改变画笔的"主直径"和"硬度"，也可在下面的框中选择固定尺寸的画笔或特殊形状的画笔，如草、枫叶、五角星以及自己定义的画笔等，单击面板右上角的 ▶ 按钮将打开一功能扩展菜单，用户可选择相关菜单项对画笔进行进一步的设置。用户还可在工具属性栏上设置"模式"、"不透明度"、"流量"等参数，单击 按钮可在喷枪模式下在图像中进行绘画。工具属性栏最右侧的按钮 用于切换调板窗中的画笔调板，单击该按钮将切换到画笔调板，如图 2-39 和图 2-40 所示，在调板中能设置画笔更多有用的属性。

此时工具属性栏将如图 2-37 所示。

单击画笔尺寸处的小"▼"按钮，将弹出如图 2-38 所示的"画笔尺寸"面板。

2.1.5 工具箱部分工具介绍

1. 画笔工具

在工具箱中单击 ✐ 按钮，选择画笔工具

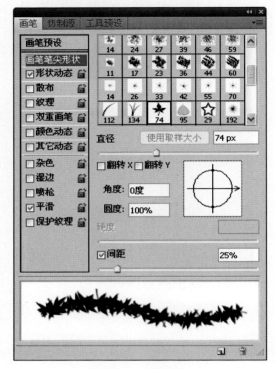

图 2-39 画笔调板

选择枫叶画笔，按图 2-39 和图 2-40 所示设置各参数，然后在一幅图像中进行绘画，按住鼠标左键不放，从左到右移动鼠标，绘画效果如图 2-41 所示。画笔调板中提供的可供设置的画笔属性很多，读者可以自己摸索，了解各属性的作用。

画笔工具组中还有一铅笔工具，它的设置与画笔工具基本相同，不再赘述。

2. 历史画笔

Photoshop CS4 工具箱中的艺术画笔是很有特色的工具，通常，用历史控制面板来恢复图像将使整幅图像恢复到历史面板中记录的某个状态，而使用艺术画笔可将图像中的特定区域恢复到历史面板中记录的某个状态。这在用户想保留图像中部分区域当前的状态，同时又想将其

他区域恢复到以前的某个状态时非常有用。

图 2-40 画笔调板

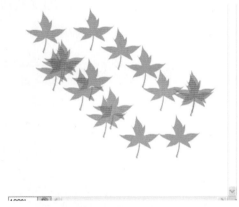

图 2-41 画笔调板设置的画笔效果

打开如图 2-42 所示人像图，对其执行"滤镜"｜"高斯模糊"命令以及"滤镜"｜"壁画"命令，得到如图 2-43 所示效果。现在想将人脸部分恢复到"高斯模糊"前的状态，而其他部分保持不变。操作步骤如下：

（1）在工具箱中选中历史画笔工具 ✐ ，在工具属性栏中设置好适当的画笔大小。

（2）执行"窗口"｜"历史记录"命令，显示历史控制面板，在"高斯模糊"的上一个步骤"打开"左侧的方框中单击加上艺术画笔

图标，如图 2-44 所示。

图 2-42　原图

图 2-43　壁画效果图

（3）将鼠标移至人脸部位进行绘画，如果需要，应适当调整画笔的大小。完成后的效果如图 2-45 所示，人像的脸部恢复到了执行"高斯模糊"前的状态，其余区域仍处于执行完"壁画"命令后的状态。

图 2-44　历史控制面板

图 2-45　对人脸区域使用历史画笔后的效果图

3．图章工具

Photoshop CS4 有两种图章工具，图案图章工具和仿制图章工具。

图案图章工具可用于复制选定的图案到指定的区域中，其作用和图案的填充命令有相似之处。选中图案图章工具后，工具属性栏如图 2-46 所示。

在工具属性栏中可选择要使用的图案，并设置"模式"、"不透明度"、"流量"、"印象派效果"等属性，设置好后，就可在选区中用图章"印制"图案了，如图 2-47 所示。

画笔：21　模式：正常　不透明度：100%　流量：100%　对齐　印象派效果

图 2-46　图案图章工具属性栏

图 2-47　图案图章工具的使用

仿制图章用于将一幅图像的全部或部分复制到同一幅图像或另一幅图像中，举一实例说明其用法。

打开如图 2-48 所示的图像，一面黄色的墙前面的黑椅上坐了 4 个人，我们用仿制图章工具将最左侧看报纸的人从图中剔除掉，就如这个人自己起身走开了一样。操作步骤如下：

图 2-48　原图

（1）在工具箱中选中仿制图章工具，在工具属性栏中适当改变画笔大小，其他设置为："模式"：正常，"不透明度"：100%，"流量"：100%，选中"对齐的"复选框。选中"对齐的"，可对图像进行连续复制。

（2）按下 Alt 键，鼠标变为带十字的两个同心圆，此时在图像的左侧黄色部分单击鼠标，设置参考点。在复制图像的过程中可根据需要重新设置参考点。如图 2-49 所示。

图 2-49　设置参考点

（3）松开 Alt 键，用鼠标在左侧人的头上开始涂抹，并逐渐往下，此时图像中会出现一个十字叉，表示当前的参考位置。可以看到，参考点的样本像素被复制到了鼠标涂抹的位置。适当改变参考点位置，使图中左侧的人慢慢消失，如图 2-50 所示。

（4）注意不断单击鼠标，否则可能（和参考点有关位置）会复制连续的图像，包括应该消失的人在内，这不符合我们的要求。

图 2-50　复制图像

（5）将画笔半径调小些，对细节进行修饰。最终效果如图 2-51 所示，原来看报纸的人消失了！

提示

如果用户在目标区域或目标图像窗口中定义了选区，则仅将图像复制到该选区。

图 2-51　最终效果图

4．渐变工具

利用渐变工具 可方便地制作渐变图案，用鼠标在图像中拖动就可在选定的区域内填入具有多种过渡颜色的混合色，这种混合色可以是前景色到背景色的过渡，也可以是背景色到前景色的过渡，或者其他各种颜色的相互过渡，用户可以自己设置混合色。

在工具箱中选中渐变工具 ，工具属性栏将如图 2-52 所示。

单击左侧渐变颜色条中的"▼"按钮或直接在颜色条上单击，将弹出如图 2-53 所示渐变编辑器。在渐变编辑器中可以对渐变色进行调整，并设置填充渐变色时的各种参数。

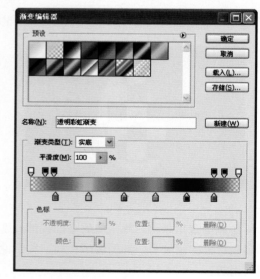

图 2-53　渐变编辑器

单击"预置"区中的 ▶ 按钮将弹出一快捷菜单，通过该菜单可选择渐变图案的显示方式（图中为"小缩略图"显示方式）、"复位渐变"或"替换渐变"、选择 Photoshop CS4 提供的各种特殊渐变图案。

单击某种渐变图案，下面的渐变颜色条就会显示相应的渐变样式，如果想使选中的渐变图案有所改变，可在渐变颜色条上进行编辑。

图 2-52　渐变工具属性栏

渐变颜色条上下两侧各有一排桶，上方为透明控制桶，用于控制桶所在处的不透明度；下方为颜色桶，用于设置桶所在处的颜色，如图 2-54 所示。在颜色条两侧的适当位置单击可增加桶的数量，而将桶拖出对话框或者选中某桶后单击下方的"删除"按钮可将其删除。

要改变渐变颜色条的颜色或不透明度，只需在选中相应的桶后，在色标区域中设置相关参数即可。也可双击颜色桶弹出拾色器对话框设置颜色。

图 2-54　渐变颜色条

还可根据需要调整颜色或不透明度的过渡位置，为此，可在颜色条的两侧单击过渡标志 ◇ 并左右拖动，如图 2-55 所示。

如果在"渐变类型"下拉列表中选择"杂色"，渐变编辑器对话框将变为如图 2-56 所示。

图 2-55　调整颜色过渡位置

在对话框中进行相关设置可得到不同颜色模式（RGB，HSB，LAB），不同粗糙度和不同透明度的杂色渐变图案。

单击工具属性栏 ▨▨▨▬▨ 按钮组中的按钮可选择渐变方式，从左至右依次为线性渐变、径向渐变、角度渐变、对称渐变和菱形渐变。各种渐变的效果如图 2-57 所示。

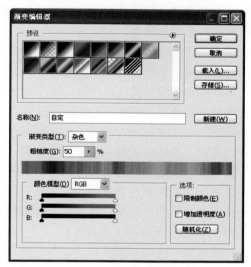

图 2-56　选择"杂色"渐变类型

| 线性 | 径向 | 角度 | 对称 | 菱形 |

图 2-57　各种渐变方式效果图

另外，在渐变工具属性栏还可设置渐变填充"模式"、"不透明度"、"反向"、"仿色"、"透明"等参数。

提示
渐变工具不能用于位图和索引颜色模式；在制作渐变图案时，若在拖动时按下Shift键，则可按45°、水平或垂直方向产生渐变；拖动的距离越大，渐变图案越显著。

5．减淡工具、加深工具和海绵工具

Photoshop CS4 工具箱中还提供了一组改变图像曝光度和饱和度的工具。

利用减淡工具 和加深工具 可以很容易地改变图像的曝光度，使图像变亮或变暗；

利用海绵工具 ，则可以调整图像的饱和度。

和大多数工具一样，在使用这 3 个工具时，用户可以在工具属性栏中选择画笔，并设置工具属性。减淡工具和加深工具的属性栏完全相同，如图 2-58 所示。

图 2-58　减淡工具和加深工具属性栏

其中在"范围"下拉列表可选择减淡或加深工具所要处理的图像色调区域，有三个选择："阴影"、"中间调"和"高光"，分别对应图像的暗部区域、中间色调区域和亮部区域。

用减淡和加深工具分别对图 2-59 中水果的绿色边缘进行处理，处理效果分别如图 2-60 和图 2-61 所示。其中可在"模式"下拉列表中选择使用海绵工具的两种模式："去色"和"加色"模式。"去色"模式将降低图像颜色的饱和度，使图像中的灰色调增加；"加色"模式可提高图像颜色的饱和度，使图像更加鲜艳。

图 2-62 所示为海绵工具属性栏。

分别使用"去色"模式和"加色"模式调整图 2-59 所示图像的饱和度，效果分别如图 2-63 和图 2-64 所示。

图 2-60　减淡工具效果

图 2-61　加深工具效果

6．修复工具

修复工具包括修复画笔工具、修补工具、污点修复画笔工具和红眼工具。下面对这 4 个工具做简要介绍。

图 2-59　原图

图 2-62　海绵工具属性栏

修复画笔工具 可用于校正瑕疵，使它们消失在周围的图像中。与仿制图章工具一样，使用修复画笔工具可以利用图像或图案中的样本像素来绘画。不同的是，修复画笔工具将样本像素的纹理、光照、透明度和阴影与所修复的像素进行匹配，从而使修复后的像素不留痕迹地融入图像的其余部分。使用修复画笔工具，同样要先按住 Alt 键在参考位置单击鼠标设置参考点，然后在要修复的区域单击鼠标或按下并拖动鼠标完成修复。图 2-65 所示为使用修复画笔工具修复前后的图像。

图 2-63 海绵工具的"去色"模式效果

图 2-64 海绵工具的"加色"模式效果

图 2-65 使用修复画笔工具修复图像

修补工具是用其他区域或图案中的像素来修复选中的区域。像修复画笔工具一样，修补工具会将样本像素的纹理、光照和阴影与要修复像素进行匹配。使用修补工具修复图像的步骤如下：首先用修补工具选出要修复的区域，然后将鼠标移至该区域内，此时鼠标变为黑色箭头，拖动选区到参考区域，即可完成修复工作。用修补工具选择的区域越小，修复的效果越好。

图2-66和图2-67为使用修补工具的示意图和修复后的图像。

污点修复画笔工具是 Photoshop CS4 新

增的工具，该工具可以快速移去照片中的污点和其他不理想部分。污点修复画笔的工作方式与修复画笔类似：它使用图像或图案中的样本像素进行绘画，并将样本像素的纹理、光照、透明度和阴影与所修复的像素相匹配。与修复画笔工具不同，污点修复画笔工具不需要用户设置参考点，选择污点修复画笔工具后，直接在要修复的区域点按并拖动鼠标即可完成修复操作，污点修复画笔工具将自动从所修复区域的周围取样。

图 2-66 使用修补工具修复图像

图 2-67 修复后的图像

红眼工具可去除用闪光灯拍摄的人物照片中的红眼，也可以移去用闪光灯拍摄的动物照片中的白色或绿色反光。该工具的使用非常方便，选中红眼工具后在红眼处单击鼠标即可将红眼去除。图 2-68 所示即为使用红眼工具去除红眼前后的图像。

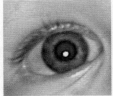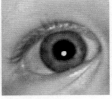

图2-68 使用红眼工具去除红眼

2.1.6 网格、标尺、参考线和测量器

Photoshop 的网格可帮助用户精确定位鼠标位置。执行"视图"｜"显示"｜"网格"命令可显示网格，如图2-69所示。

图2-69 网格

要使鼠标自动寻找网格，可执行"视图"｜"对齐到"｜"网格"命令，此时，无论是制作选区还是移动选区，或者移动图像，系统都会自动寻找网格边缘，使得选区或图像与网格对齐。

标尺可以精确显示鼠标所在位置。按Ctrl+R组合键，或者执行"视图"｜"标尺"命令可显示标尺，如图2-70所示。

参考线主要用于对齐目标。要创建参考线，必须首先显示标尺，然后在标尺上单击并拖动鼠标即可。拖动水平标尺可创建水平参考线，拖动垂直标尺可创建垂直参考线，参考线可创建多条。如图2-71所示。

选择移动工具 ▶✛ 或按下 Ctrl 键，将鼠标移至参考线上，待鼠标变为图2-71中所示形状时，单击并拖动鼠标可移动参考线，如果将参考线拖出图像窗口，会删除参考线。如果要保持参考线的固定位置不变，可执行"视图"｜"锁定参考线"命令将参考线锁定。

图2-70 标尺

图2-71 参考线

可以利用参考线辅助制作选区。如要画两个同心圆，先制作两条相交的参考线，选中椭圆形选择工具，将鼠标移至参考线交叉点附近，同时按下 Shift 键和 Alt 键，单击并拖动鼠标，此时将以参考线交叉点为圆心制作一圆形选区，暂时对选区描边作为参考，重复上述步骤再制作一较小的圆形选区，这样就能画同心圆。如图2-72所示。

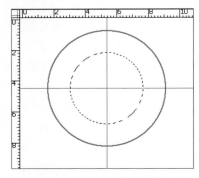

图2-72 利用参考线制作同心圆

执行"编辑"｜"预置"｜"单位与标尺"和"编辑"｜"预置"｜"参考线、网格和切片"命令可打开相应对话框进行标尺的单位、

网格的大小、参考线和切片的颜色等设置。

利用工具箱中的测量器工具，用户可以方便地测量任意两点之间的距离和角度。

测量器的使用方法很简单，在工具箱中选中测量器工具后，在图像中要测量的起点处单击，然后拖动鼠标到要测量的终点，则工具属性栏和信息控制面板将显示测量结果，如图2-73～图 2-75 所示。

图 2-73 测量图像

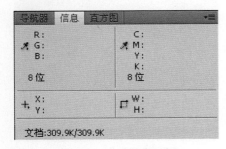

图 2-74 信息控制面板

图 2-75 工具属性栏信息

各参数的意义如下：

- X、Y：通常情况下显示的是鼠标所在位置的坐标。当选中了测量器工具后，显示的是测量起点或终点的坐标。
- A、D：测量的两点之间的角度和距离。
- W、H：测量的两点之间的水平和垂直方向的距离，分别以向右和向下为正方向。

要移动测量线，可将鼠标移至测量线上，单击并拖动鼠标即可。若将鼠标移至测量线端点，并拖动鼠标可改变相应测量点的位置。

2.2 用 Photoshop CS4 调整图像

图像调整指的是对图像的色相、饱和度、对比度等的调整，Photoshop CS4 的图像调整命令均集中在"图像"|"调整"菜单中，打开菜单后，可选择相应的命令对图像进行调整。使用这些命令，用户可以调整选中的整个图层的图像或是选取范围内的图像。"调整"菜单如图 2-76 所示。

亮度/对比度(C)...	
色阶(L)...	Ctrl+L
曲线(V)...	Ctrl+M
曝光度(E)...	
Vibrance...	
色相/饱和度(H)...	Ctrl+U
色彩平衡(B)...	Ctrl+B
黑白(K)...	Alt+Shift+Ctrl+B
照片滤镜(F)...	
通道混合器(X)...	
反相(I)	Ctrl+I
色调分离(P)...	
阈值(T)...	
渐变映射(G)...	
可选颜色(S)...	
阴影/高光(W)...	
变化...	
去色(D)	Shift+Ctrl+U
匹配颜色(M)...	
替换颜色(R)...	
色调均化(Q)	

图 2-76 图像调整菜单

2.2.1 "色阶"命令

"色阶"调整命令是 Photoshop 非常重要的图像调整命令之一。它可以通过调节图像的暗部、中间色调及高光区域的色阶来调整图像的色调范围及色彩平衡。执行"图像"|"调整"|"色阶"命令打开"色阶"对话框，如图 2-77 所示。

对话框中各选项的意义说明如下：

- "通道"下拉列表：在"通道"下拉列表中选择要调整的通道，对复合通道的调节会影响所有通道。
- "输入色阶"文本框：左侧的文本框设置图像的暗部色调，低于该值的像素为黑色；中间的文本框设置图像的中间色调，即灰度；右侧的文本框设置图像亮部色调，高于该值的像素为白色。这三个文本框中的值分别对应了下面直方图中的3个三角符号，用户也可以拖动直方图中的小三角符号来调整色调。（暗部与亮部的调整范围：0~255，中间调的调整范围：0.10~9.99）

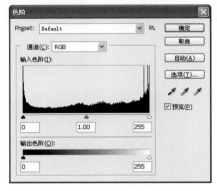

图 2-77　"色阶"对话框

- "输出色阶"文本框：左侧的文本框设置图像的暗部色调，右侧的文本框设置亮部色调。但其作用与输入色阶的作用相反，将使较暗的像素变亮，而使较亮的像素变暗。同样，下面有两个小三角符号对应两个文本框。

- "自动"按钮：单击该按钮，可让系统自动调整图像的亮度，这种方法产生的图像对比度较高。

- "吸管"按钮：黑色吸管用于使图像变暗，用该吸管在图像中单击，图像中所有像素的亮度值都将被减去单击处的像素的亮度值，从而使图像变暗；白色吸管用于使图像变亮，用该吸管在图像中单击，图像中所有像素的亮度值都将被加上单击处的像素的亮度值，从而使图像变亮；用灰色吸管在图像中单击，图像中的像素亮度将根据单击处的像素亮度来进行调整。

下面通过两个简单的例子来说明色阶调整

的方法。

（1）打开如图 2-78 所示图像，执行"图像" | "调整" | "色阶"命令打开"色阶"对话框，设置参数如图 2-79 中所示，调整后的效果如图 2-80 所示。

由于在对话框中设置暗部色调值为75，图像中所有亮度值低于75的像素都变为黑色，所以图中较暗的部位变得更暗。亮部变暗是由于设置了中间色调的缘故。

（2）查看这幅图的通道信息会发现蓝色通道的亮度值很小（如图 2-81 所示的通道控制面板），即它对图像色彩的影响较小。那么能不能通过调整红色通道的亮度值使得黄色的花也呈绿色呢？我们来试一试。

图 2-78　"色阶"调整前图像

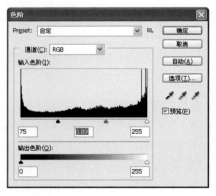

图 2-79　"色阶"对话框设置

（3）打开"色阶"对话框，在"通道"下拉列表中选择红色通道，将直方图下方的黑色小三角形拖至最右侧，其他设置不变，然后单击"确定"按钮。对话框设置和调整后的效果分别见图 2-82 和图 2-83 所示。我们看到黄花已经变成了"绿花"，这和在通道控制面板中把红色通道前的"眼睛"去掉有异曲同工之妙。

图 2-80 "色阶"调整后图像

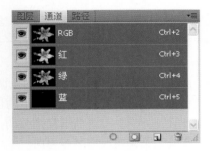

图 2-81 观察蓝色通道

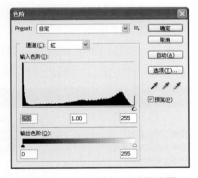

图 2-82 "色阶"对话框设置

图 2-83 调整红色通道效果图

2.2.2 "自动色阶"命令

该命令和"色阶"对话框中的"自动"按钮的功能基本一样。图 2-84 和图 2-85 显示了使用该命令前后的图像。

图 2-84 "自动色阶"调整前图像

图 2-85 "自动色阶"调整后图像

2.2.3 "自动对比度"命令

当图像的对比度不够明显时，可利用该命令增强图像的对比度。执行该命令前后的图像如图 2-86 和图 2-87 所示。

图 2-86 "自动对比度"调整前图像

图 2-87 "自动对比度"调整后图像

2.2.4 "自动颜色"命令

该命令用于更正那些不平衡或者不饱和的颜色，有效地调整图像。执行该命令前后的图像如图 2-88 和图 2-89 所示。

图 2-88 "自动颜色"调整前图像

图 2-89 "自动颜色"调整后图像

2.2.5 "曲线"命令

"曲线"调整是 Photoshop 非常有用的色彩调整命令，可以说它是"亮度/对比度"、"色调分离"和"反相"等命令的综合。利用该命令可以调整图像的亮度、对比度和色彩等。

执行"图像"｜"调整"｜"曲线"命令打开"曲线"对话框，如图 2-90 所示。

对话框中各选项的意义说明如下：

- "通道"下拉列表：用于选择要调整曲

线的通道。

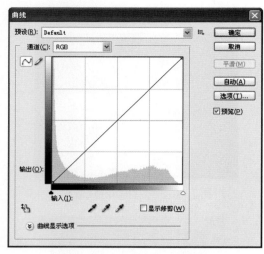

图 2-90 "曲线"对话框

- 曲线调整图表：横坐标代表图像调整前色调，纵坐标代表图像调整后的色调。图表下方有一个黑白渐变颜色调，鼠标在其上单击可改变渐变方向。
- "输入"和"输出"文本框：在调整图表中调整曲线时，文本框中会给出相应点处的输入、输出值。
- "选项"按钮：单击该按钮将弹出如图 2-91 所示对话框，可进行相关设置。

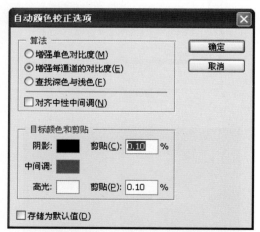

图 2-91 自动颜色校正选项

- "曲线"和"铅笔"按钮：单击 ∿ 按钮可在图表中显示曲线和结点，并可对其进行操作，鼠标在曲线上单击可创建节点，要调整曲线只需简单地拖动节点在图表中移动即可；单击 ✐ 按钮可在图表中手工绘制曲线，如果按下 Shift 键，用鼠标在图表中单击，将生成以单击点为端点的直线。

<table>
<tr><td colspan="1" align="center">提　示</td></tr>
</table>

按下 Alt 键，再用鼠标单击图表，可以让图表的网格变得更密，适于更精密的操作；调整曲线最多可设置 15 个节点，一次可拖动一个或多个节点，要调整多个节点，先要按住 Shift 键进行选择；将节点拖出图表外可将该节点删除；和"色阶"对话框一样，按下 Alt 键，"取消"按钮将变为"复位"按钮，此时可进行复位操作。

通常，用"曲线"命令对图像进行调整会使图像的对比度增大，变得更清晰。我们来看一个实例，打开一幅空中飘有若干热气球的图像，由于对比度不够，图像不够清晰，我们用

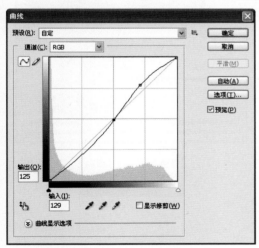

图 2-92　"曲线"对话框设置

"曲线"调整命令对其进行调整。"曲线"对话框设置如图 2-93 所示，调整前后的效果如图 2-93 和图 2-94 所示。

"曲线"调整命令是各种调整命令中功能最强大的，读者可通过实际操作慢慢体会其特点。

图 2-93　"曲线"调整前图像

图 2-94　"曲线"调整后图像

2.2.6　"色彩平衡"命令

彩色图像由各种单色组合而成，每种单色的变化都会影响图像的色彩平衡。"色彩平衡"调整命令允许用户对单色进行调整来改变图像的显示效果。执行"图像"│"调整"│"色彩平衡"命令打开"色彩平衡"对话框，如图 2-95 所示。

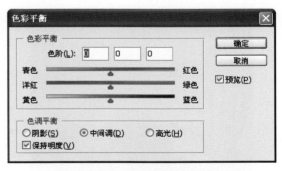

图 2-95　"色彩平衡"对话框

对话框上部的 3 个"色阶"文本框分别对应其下面的 3 个滑杆，文本框中的数值变化范围为-100～+100；滑杆下面有"暗调"、"中间调"和"高光"3 个单选按钮供用户选择要调整的色调范围；"保持亮度"复选框的作用在于防止光度值在颜色调整时发生改变，这在调整 RGB 图像时很有必要。我们看一个实例，图 2-96 为"色彩平衡"对话框的设置，图 2-97 和图 2-98 为"色彩平衡"调整后的图像。

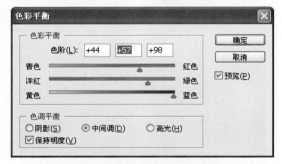

图 2-96 "色彩平衡"对话框设置

图 2-97 "色彩平衡"调整前图像

图 2-98 "色彩平衡"调整后图像

2.2.7 "亮度/对比度"命令

执行"图像"｜"调整"｜"亮度/对比度"命令将打开如图 2-99 所示的"亮度/对比度"对话框，可方便地调整图像的亮度和对比度。

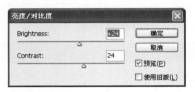

图 2-99 "亮度/对比度"对话框

2.2.8 "色相/饱和度"命令

执行"图像"｜"调整"｜"色相/饱和度"命令将打开如图 2-100 所示的"色相/饱和度"对话框，可调整图像的"色相"、"饱和度"和"明度"等参数。

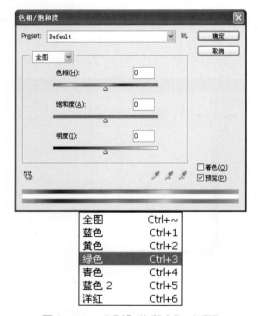

图 2-100 "色相/饱和度"对话框

打开"编辑"下拉列表，将出现如小图所示的各种选择，可选择要进行调整像素的色调，如选择"绿色"，即只调整绿色的像素，选择"全图"，将对所有像素进行调整。当选择除"全图"以外的任何一种色调时，下方的吸管和颜色条将变为可用状态，此时利用吸管在图中单击可以改变色彩变化的范围。对话框中的 3 个滑杆可分别用于调整图像的色相、饱和度和亮度。选中"着色"复选框，可使灰色图像变为单一颜色的彩色图像，也可使彩色图像变为单一颜色的图像。

下面为一个"色相/饱和度"调整实例。图 2-101 为"色相/饱和度"对话框设置，图 2-102 和图 2-103 为调整前后的图像。

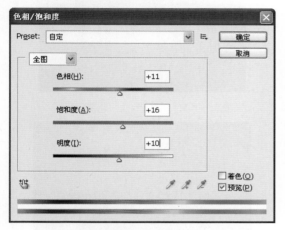

图 2-101 "色相/饱和度"对话框设置

图 2-102 "色相/饱和度"调整前图像

2.2.9 "反相"调整

"反相"调整命令是在处理特殊效果时经常用到的一个命令，其作用很直观，即反转图像的颜色，如黑变白、白变黑等。"反相"调整命令是唯一不丢失颜色信息的命令，也就是说，用户可再次执行该命令来恢复原图像。图 2-104 和图 2-105 显示了执行"反相"命令的效果。

图 2-103 "色相/饱和度"调整后图像

图 2-104 "反相"调整前图像

2.2.10 "阈值"命令

利用"阈值"命令可将图像转换为黑白两色图像。此命令允许用户将某个色阶制定为阈值，所有比该阈值亮的像素会被转换为白色，所有比该阈值暗的像素会被转换为黑色。图 2-101 为"阈值"对话框，可拖动小三角符号或直接在文本框中输入数字来设置"阈值色阶"。

图 2-105 "反相"调整后图像

打开一幅图像，执行"阈值"命令，设置

色阶为100，"阈值"调整前后的图像如图2-107和图2-108所示。

图 2-106   "阈值"对话框

图 2-107   "阈值"调整前图像

图 2-108   "阈值"调整后图像

2.2.11   "色调分离"命令

与"阈值"命令类似，"色调分离"命令也用于减少色调，不同之处在于"色调分离"处理后的图像仍为彩色图像，"色调分离"对话框如图 2-109 所示。文本框中的"色阶"数值决定图像变化的剧烈程度，其值越小，图像变化越剧烈；其值越大，图像变化越不明显。

图 2-110 和图 2-111 为执行"色调分离"命令前后的图像，"色阶"值设为 8。

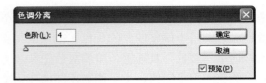

图 2-109   "色调分离"对话框

图 2-110   "色调分离"调整前图像

图 2-111   "色调分离"调整后图像

2.2.12   "色调均化"命令

"色调均化"命令用于重新分布图像中像素的亮度值。在使用此命令时，Photoshop 会自动查找图像中的最亮和最暗的像素，使最亮的变为白色，最暗的变为黑色，其余的像素也相应地进行调整。

如果图像中制作了选区，执行"图像"｜"调整"｜"色调均化"命令将弹出一对话框，通过该对话框可选择是对选区中的图像进行处理还是对整幅图像进行处理。选择对选区中的图像进行"色调均化"调整，调整前后的图像如图 2-112 和图 2-113 所示。

提 示
如果未制作选区，在选择色彩均化命令时不

会弹出对话框。

图 2-112　"色调均化"调整前图像

图 2-113　"色调均化"调整后图像

2.2.13　"变化"命令

利用"变化"命令可以直观地调整图像的色彩平衡、对比度和饱和度，操作非常简单。执行"图像"｜"调整"｜"变化"命令，打开"变化"对话框如图 2-114 所示。

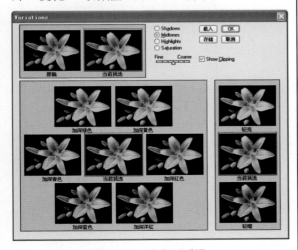

图 2-114　变化对话框

对话框左上角有两个缩略图，分别为原图和当前调整后的图像。它们下方的 7 个缩略图中，中间一个也显示当前调整后的图像，其余 6 个均为颜色调整图，每个缩略图下面都有说明，如"加深绿色"，"加深红色"等，单击某一个缩略图，就会执行与其相对应的加深颜色操作，如果想恢复到调整前的状态，单击左上角的原图即可。

对话框上方的"暗调"、"中间色调"、"高光"和"饱和度"4 个单选按钮用于选择要调整的图像的色调类型。

"精细/粗糙"滑块用于确定每次调整数量。

对话框右侧还有 3 个缩略图，中间一个也用于显示当前调整后的图像，另外两个用于调整图像的亮度。

"显示剪贴板"可以显示溢色区域，防止调整后出现颜色溢出。

2.2.14　"去色"命令

"去色"命令用于去除图像的彩色，使其变为灰度图像，注意，此命令并不改变图像的颜色模式。如原图为 RGB 模式，转换后的图像仍为 RGB 模式，只是变为了灰度图。图 2-115 和图 2-116 所示为执行"去色"命令前后的图像。

图 2-115　"去色"调整前图像

图 2-116　"去色"调整后图像

2.2.15 "可选颜色"命令

该命令用于有针对性地选择红色、黄色、绿色、蓝色等颜色进行调整，"可选颜色"调整对话框如图 2-117 所示。

在"颜色"下拉列表中可选择要调整的颜色，然后拖动下面的各滑杆就可调整选中的颜色。选择"相对"方法时，系统会按总量的百分比更改青色、洋红、黄色和黑色的比重；选择"绝对"方法时，系统会按绝对值调整颜色。

图 2-117　可选颜色对话框

2.2.16 "匹配颜色"命令

"匹配颜色"命令可以匹配两幅图像或一个图像中两个图层的颜色，使它们看起来外观达到一致。此技术常用于人像、时装和商业照片的处理当中。

做一个简单的例子，打开如图 2-118 和 2-119 两幅素材图像，将素材图像 2 中模特衣服的颜色匹配为素材图像 1 中模特上衣的颜色。

图 2-118　素材图像 1

图 2-119　素材图像 2

首先在图像 1 中上衣区域制作一个选区，

然后设置图像 2 为当前文件，制作上衣选区，执行"图像"｜"调整"｜"匹配颜色"命令，在"匹配颜色"对话框的"来源"下拉列表中选择图像 1，如图 2-120 所示。最终颜色匹配的效果如图 2-121 所示。

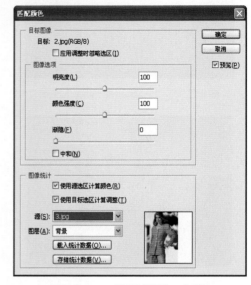

图 2-120　"匹配颜色"对话框

图 2-121　"匹配颜色"效果

2.2.17 "阴影/高光"命令

"阴影/高光"命令适用于校正由强逆光而形成剪影的照片，或者校正由于太接近相机闪光灯而有些发白的焦点。在用其他方式采光的图像中，这种调整也可用于使暗调区域变亮。"阴影/高光"命令不是简单地使图像变亮或变暗，它基于阴影或高光中的周围像素（局部相邻像素）增亮或变暗，该命令允许分别控制暗调和高光。默认值设置为修复具有逆光问题的图像。"阴影/高光"命令还有"中间调对比度"滑块、"减少黑色像素"选项和"减少白色像素"选项，它们用来调整图像的整体对比度。

"阴影/高光"对话框如图 2-122 所示。

使用"阴影/高光"命令调整图像的效果如图 2-123 和图 2-124 所示。

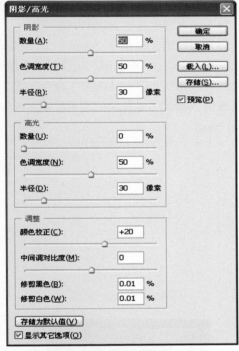

图 2-122 "阴影/高光"对话框

图 2-123 "阴影/高光"调整前图像

图 2-124 "阴影/高光"调整后图像

2.2.18 "曝光度"命令

"曝光度"命令是为了调整 HDR 图像的色调，但它也可用于调整 8 位和 16 位图像。曝光度是通过在线性颜色空间（灰度系数为 1.0）而不是图像的当前颜色空间执行计算而得出的。"曝光度"对话框如图 2-125 所示。

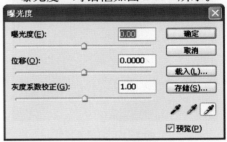

图 2-125 "曝光度"对话框

下面对对话框中的参数设置说明如下：

曝光度：调整色调范围的高光区域，对图像中较暗的部分影响很小。

位移：使阴影和中间调变暗，对高光部分的影响很小。

灰度系数：使用简单的乘方函数调整图像灰度系数。

吸管工具将调整图像的亮度值（与影响所有颜色通道的"色阶"吸管工具不同）。"设置黑场"吸管工具将设置"位移"，同时将用户点按的像素改变为零；"设置白场"吸管工具将设置"曝光度"，同时将用户点按的像素改变为白色（对于 HDR 图像为 1.0）；"设置灰场"吸管工具将设置"曝光度"，同时将用户点按的值变为中度灰色。

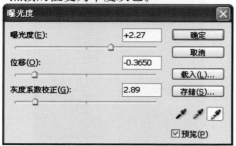

图 2-126 "曝光度"对话框参数设置

用图 2-126 所示"曝光度"对话框中的参数设置调整图 2-127 所示图像，调整后的效果如图 2-128 所示。可以看出，"位移"设为较大的负值使得较暗的部分全黑，"曝光度"增加了高光区域的亮度值。

图 2-127 原图

图 2-128 调整后图像

2.3 应用实例

2.3.1 金属环的制作（选区操作、图像变换、渐变工具的使用）

（1）新建一个 300×400 的图像，颜色模式为 RGB 模式，背景色为白色，如图 2-129 所示。

图 2-129 新建图像

（2）用椭圆形选择工具作一椭圆形选区，如图 2-130 所示。执行"选择"｜"存储选区"命令将选区存储到通道 Alpha1 中。

（3）保持选区，执行"选择"｜"修改"｜"收缩"命令，将椭圆形选区收缩 6 个像素，再执行"选择"｜"存储选区"命令将选区存储到通道 Alpha2 中。此时的通道控制面板如图 2-131 所示。

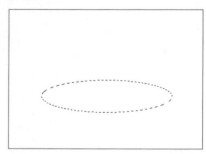

图 2-130 制作选区

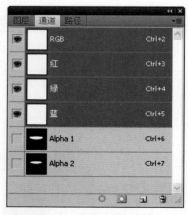

图 2-131 通道控制面板

（4）按住 Ctrl 键单击 Alpha1 通道，载入 Alpha1 通道的选区，然后按住 Ctrl+Alt 键，单击 Alpha2 通道，从当前选区中减去 Alpha2 通道的选区，如图 2-132 所示。

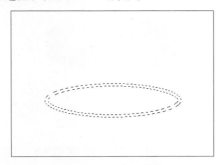

图 2-132 选区运算

（5）选中工具箱中的渐变工具，设置渐变颜色条如图 2-133 所示。

图 2-133 设置颜色渐变条

（6）新建"图层 1"，在图 2-132 所示选区中从左至右拖动鼠标，制作渐变效果，然后按 Ctrl+D 取消选区。

（7）设置"图层 1"为当前活动图层，在工具箱中选择移动工具，按住 Alt 键不放，重复按向上方向键若干次，制作图层 1 的副本，如图 2-134 所示。

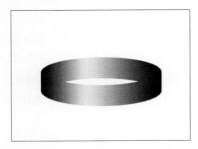

图 2-134 按 Alt 键和方向键复制图层

（8）合并除"背景"和"顶层"以外的所有图层，此时的图层控制面板如图 2-135 所示。

（9）设置"顶层"为活动图层，用魔术棒工具在内环单击，作出如图 2-136 所示选区。

（10）"图层 1"为当前活动图层，执行"编辑"｜"变换"｜"水平翻转"命令，制作环内壁的光照效果，如图 2-137 所示。

图 2-135 合并图层

图 2-136 用魔术棒工具制作选区

（11）按住 Ctrl 键，单击图层控制面板的"顶层"图层，载入"顶层"图像选区。选中矩形选择工具，按住 Alt 键拖动鼠标减去圆环下半部分选区，如图 2-138 所示。

图 2-137 水平翻转

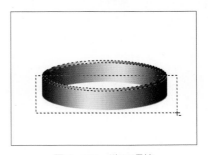

图 2-138 选区运算

（12）执行"编辑"｜"变换"｜"水平翻转"命令，制作金属环环上口的光照效果，如图2-139所示。

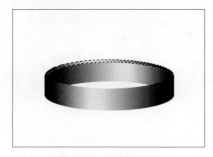

图2-139　翻转图像

（13）执行"图像"｜"调整"｜"色阶"命令，适当调整"顶层"的色阶，如图2-140所示。

图2-140　"色阶"调整

（14）执行"图像"｜"调整"｜"曲线"和"图像"｜"调整"｜"色彩平衡"命令对"图层1"进行调整，使其更具金属质感，如图2-141所示。

（15）合并"顶层"和"图层1"，执行"滤镜"｜"杂色"｜"添加杂色"命令，给金属环添加一些杂色，最终效果如图2-142所示。

图2-141　"曲线"及"色彩平衡"调整

图2-142　最终效果图

2.3.2　给圆盘挖孔（选区变换、网格、参考线）

（1）打开如图2-143所示圆盘图像，其制作方法将在通道一章中进行介绍。

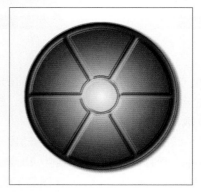

图2-143　素材图像

（2）分别执行"视图"｜"显示"｜"网格"和"视图"｜"标尺"命令显示网格和标尺，从标尺上拉出两条参考线，然后执行"编辑"｜"预置"｜"参考线、网格和切片"命令，打开"预置"对话框将参考线设为红色，如图2-144所示。

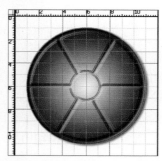

图2-144　显示网格和参考线

（3）选中椭圆形选择工具，按下 Shift+Alt 键，将鼠标移至参考线交叉点附近拖动制作一圆形选区，如图 2-145 所示。

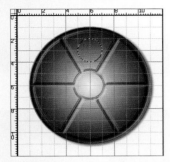

图 2-145　制作圆形选区

（4）按 Delete 键，删除选区内内容，结果如图 2-146 所示。

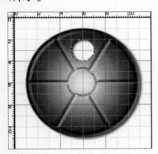

图 2-146　删除选区内容

（5）在图中间拉一水平参考线。执行"选择"|"变换选区"命令，将旋转中心标志 ✛ 拖动到图中心参考线交点位置，如图 2-147 所示。

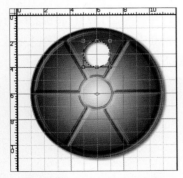

图 2-147　移动旋转中心位置

（6）在工具属性栏"旋转角度"文本框中输入 60 ，选区将以 ✛ 为中心顺时针旋转 60 ，变换效果如图 2-148 所示。

（7）单击工具属性栏上的 ✔ 按钮，应用选区变换，按下 Delete 键删除选区内内容，结果如图 2-149 所示。

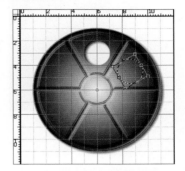

图 2-148　旋转选区

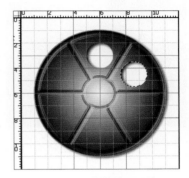

图 2-149　删除选区内容

（8）重复（5）～（7）步的操作，最后执行"视图"菜单中的相关命令隐藏网格、标尺和参考线，效果如图 2-150 所示，这里的背景色为白色，还可根据需要设置不同的背景颜色。

图 2-150　最终效果图

2.3.3　闪电

（1）新建一个文档，背景设为透明。选择

前景色为黑色，背景色为白色，用渐变工具在图中拉出渐变效果，如图 2-151 所示。

图 2-151　制作渐变

（2）执行"滤镜"｜"渲染"｜"分层云彩"命令，结果如图 2-152 所示。

图 2-152　执行"分层云彩"滤镜

（3）执行"图像"｜"调整"｜"自动色阶"命令，结果如图 2-153 所示。

（4）执行"图像"｜"调整"｜"反相"命令，将图像反相，如图 2-154 所示。

（5）执行"图像"｜"调整"｜"色阶"命令，在"色阶"文本框输入 0、0.12、255，如图 2-155 所示。

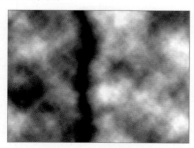

图 2-153　"自动色阶"调整

（6）执行"图像"｜"调整"｜"变化"命令，给图像加深蓝色和洋红色，最终效果如图 2-156 所示。

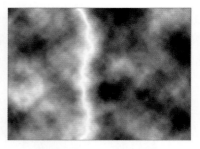

图 2-154　"反相"调整

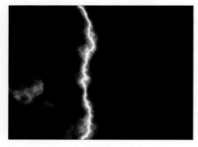

图 2-155　"色阶"调整

图 2-156　最终效果图

2.3.4　给衣服换色

（1）打开如图 2-157 所示的素材图像。

（2）用套索等选择工具制作人物上衣的选区，如图 2-158 所示。

图 2-157　素材图像

（3）执行"图像"｜"调整"｜"色相/饱和度"命令，打开"色相/饱和度"对话框对上衣的颜色进行调整。不同的参数将产生不同的效果，如图 2-159 和图 2-160 所示。

图 2-158　制作选区

图 2-159　"色相/饱和度"调整

图 2-160　"色相/饱和度"调整

提　示
这样可以随意改变图像的色相和饱和度，当然也可以用"色彩平衡"或"变化"命令对图像进行调整。切不可用填充工具改变图像的颜色，这将破坏图像的阴影等效果。

2.3.5　汽车变色

（1）打开如图 2-161 和图 2-162 所示的汽车图像和一幅制作好的界面图像，界面的制作见第 7 章。

（2）将汽车复制到界面图像的一个图层中（图层 1），执行"编辑"｜"自由变换"命令适当变换其大小，置于图中左侧的一个圆中，如图 2-163 所示。

图 2-161　汽车

图 2-162　界面

图 2-163　复制汽车

图2-164　增加亮度及"反相"调整

（3）复制两个汽车图层，分别为"图层2"和"图层3"，将"图层2"中的汽车移至中间的圆中，执行"图像"｜"调整"｜"亮度/对比度"命令增加其亮度，然后执行"图像"｜"调整"｜"反相"命令，结果如图2-164所示。

（4）将"图层3"中的汽车移至右侧的圆中，调整色相及饱和度，最终效果如图2-165所示。

图2-165　最终效果图

2.3.6　制作彩笔

（1）执行"文件｜新建"命令，如图2-166所示，给文件命名为"彩笔"，设置文件的宽度为400像素，高度为400像素，内容为白色，单击"确定"按钮。

（2）执行"视图|显示|网格"命令显示网格，如图2-167所示。

提示
显示网格是为了精确定位某些图像元素。如果网格大小不太合适，可执行"编辑|首选项|

参考线、网格和切片"命令调整网格大小。

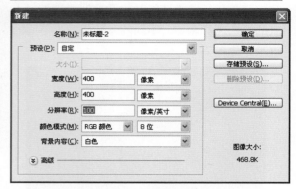

图2-166　新建文件

图2-167　显示网格

（3）选中工具箱中的矩形工具，并按下工具属性栏上的按钮，表示当前将在图中绘制路径，路径将自动暂时保存到"工作路径"当中，此时工具属性栏如图2-168所示。（路径操作的相关知识请参考第五章的内容）。

图2-168　矩形工具属性栏

（4）用鼠标在图中绘制如图2-169所示的矩形路径。由于网格的存在，路径并不是很明显。

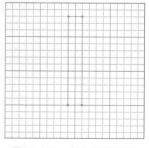

图2-169　制作矩形路径

（5）选中工具箱中的添加锚点工具 ，在矩形路径的底边的中间单击添加一个锚点，然后将该锚点向下拖动一段距离，得到如图 2-170 所示的路径。

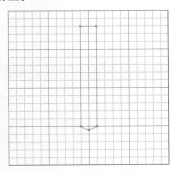

图 2-170　添加并拖动锚点

（6）切换到路径控制面板，如图 2-171 所示，可看到刚才创建的路径暂存于"工作路径"当中。

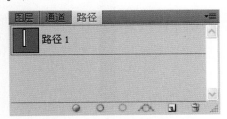

图 2-171　路径控制面板

（7）单击路径控制面板中的 按钮，将路径转换为选区，按 Ctrl+' 组合键隐藏网格，此时图像窗口如图 2-172 所示。

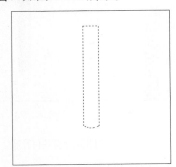

图 2-172　将路径转换为选区

（8）选中工具箱中的渐变工具，在工具属性栏上设置渐变颜色条如图 2-173 所示，并选择对称渐变方式，即按下工具属性栏上的 按钮。

图 2-173　设置颜色渐变条

（9）回到图层控制面板，新建"图层 1"，将鼠标从选区的偏左侧向右拖动一小段距离，然后按 Ctrl+D 取消选区，结果如图 2-174 所示。

（10）再次在网格的辅助下用矩形选择工具制作如图 2-175 所示的选区。

（11）选中渐变工具，设置颜色渐变条如图 2-176 所示，仍然选择对称渐变方式。

（12）新建"图层 2"，将其置于"图层 1"之下，将鼠标从选区的偏左侧向右拖动一小段距离，然后按 Ctrl+D 取消选区，此时图像和图层控制面板如图 2-177 所示。

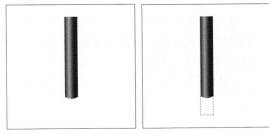

图 2-174　制作渐变　　图 2-175　制作矩形选区

图 2-176　设置颜色渐变条

（13）执行"滤镜｜杂色｜添加杂色"命令为"图层 2"添加一些杂色，然后执行"编辑｜变换｜透视"命令变换图像，此时图像四周将出现 4 个控制点，我们向中间拖动坐下角或右下角的控制点，结果如图 2-178 所示。

（14）按 Enter 键应用变换。接下来制作蓝色的彩笔芯，用套索工具 绘制如图 2-179 所示的选区。

图 2-177　图像及图层控制面板

（15）按 Ctrl+U 打开"色相/饱和度"对话框，适当调整图像的色相、饱和度及明度，对话框参数设置和调整结果如图 2-180 所示。

图 2-178　透视变换

图 2-179　套索工具制作选区

（16）这只彩笔看起来还不够逼真，我们再对尾部进行处理。用椭圆形选择工具 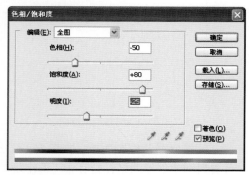 制作如图 2-181 所示的椭圆形选区。

（17）设置"图层 1"为当前图层，填充暗橙色，然后取消选区，并合并"图层 1"和"图层 2"，结果如图 2-182 所示，这时这只彩笔已经很逼真了。

图 2-180　"色相/饱和度"对话框参数设置和调整结果

图 2-181　制作椭圆形选区　　图 2-182　填充选区

（18）打开如图 2-183 的素材图像，将把制作好的彩笔融入到图中。

（19）复制彩笔到素材图像的"图层 1"中，如图 2-184 所示。

（20）按 Ctrl+T 自由变换，适当缩放彩笔的长宽比例及大小，并将其旋转到如图 2-185 所示的位置。

（21）按 Enter 键应用变换，在图层控制面板中拖动"图层 1"到 ▣ 按钮上复制该层，并将副本图层移至"图层 1"之下，我们用副本图层制作彩笔的阴影，图层控制面板如图 2-186 所示。

图 2-183　打开素材图像　　图 2-184　复制彩笔

图 2-185　自由变换

图 2-186　图层控制面板

（22）选中"图层 1 副本"图层，选中工具箱中的移动工具 ▶⊕，按向右和向上方向键若干次，结果如图 2-187 所示。

（23）按 Ctrl+U 打开"色相/饱和度"对话框，将"图层 1 副本"中图像的明度调为 0，然后执行"滤镜 | 模糊 | 高斯模糊"命令，"模糊半径"设为 0.7 个像素，执行"高斯模糊"滤镜后的最终效果如图 2-188 所示，我们制作的彩笔很自然地躺在报纸上了。

图 2-187　移动图像

图 2-188　最终效果图

本章小结

　　熟练掌握 Photoshop 的图像编辑命令和图像调整命令是学好 Photoshop 的基础，本章就这两方面的内容有针对性地进行了介绍。由于 Photoshop 大部分图像处理命令都依赖于选区，因此，选区制作部分的内容读者要重点掌握；另外，还应该能够熟练使用工具箱中的几种常用工具，如画笔、渐变工具等。

2.4　思考与练习

- 制作选区有几种方法？各种方法有什么特点？
- 如何定义图案和画笔？
- 网格、标尺的使用方法？参考线有何实际作用？

- 请用选择工具制作出图 2-166 中人物的选区。

提示
边界颜色较明显，可先使用磁性套索工具 🖓 选出初步的范围，再用套索工具 🖓 何多边形套索工具 🖓 进行细部修饰。

- 请利用渐变工具制作如图 2-167 所示的香烟。

图 2-189　素材图像

图 2-190　香烟

提示
关键要设置好颜色渐变条，如果设置二色渐变条，采用对称渐变模式；如果设置三色渐变条，采用线性渐变模式。这样才能凸现出圆柱面效果。

- 请利用"色相/饱和度"调整命令使图 2-168 中的红色果子变色。

提示
执行"图像"｜"调整"｜"色相/饱和度"命令，打开"色相/饱和度"对话框，在"编辑"下拉列表中选择红色进行调整。

图 2-191　原图

图 2-192　果子变色

- 请利用"色调分离"和"阈值"等命令把彩色士兵的头像变为黑白图像。

提示
先将图像转换为灰度模式，再执行"色调分离"和"阈值"命令。

图 2-193 原图

图 2-194 效果图

第3章 图层——Photoshop 的核心

【本章主要内容】

　　本章主要介绍 Photoshop 的核心部分——图层的相关内容。首先讲解图层控制面板的组成和图层的关键操作，然后以实例来介绍图层的应用，最后为读者提供了一些关于图层的练习题，以使读者能熟练掌握图层的相关操作。

【本章学习重点】

- 图层控制面板的组成
- 色彩混合模式
- 图层样式
- 图层的关键操作

3.1 图层概述

　　图层是 Photoshop 的核心，Photoshop 绝大部分的操作和复杂的图像显示效果都是在图层上完成的。图层的作用如此重要，该如何准确地把握图层的概念呢？打个比方，图层就如画家手中的画布，画家为了完成一幅作品，在好几张画布上画了作品的不同部分，然后将画布经过剪裁、粘贴组合在一起，再经过一定的后期处理，作品就完成了。这便是图层的基本工作方式，不同的是，图层比画布具有更多可调节的属性，如不透明度、样式和色彩混合模式等，可以方便地实现更多更复杂的效果。我们从图层控制面板开始介绍图层及其特点。

3.1.1 图层控制面板介绍

　　执行"窗口"｜"图层"命令显示图层控制面板，如图 3-1 所示。

　　1．图层列表区

　　控制面板中间部分为图层列表区，在这里可以非常直观地看到各图层之间的层次关系，图层就如画布一样自上而下依次叠加，上面的图层在图像的显示上自然位于其下的所有图层之上。当前的活动图层以高亮蓝底显示，活动图层只能有

一个，如图 3-1 中所示。图层列表区的左端为图层和图层蒙版的缩略图（如果该图层添加有图层蒙版的话），右端为图层名称，如果图层设置了图层样式，在名称后面还会有 *fx*▲ 标志，单击右侧的下三角符号能查看该图层设置了哪些图层样式。

图 3-1　图层控制面板

　　2．显示标志列

　　图层列表区的左侧为显示标志列，该列用于控制对图层的显示。如果某图层对应的该列方框中有 ● 标志，则该图层处于显示状态，否则，该图层将不被显示。

　　3．锁定按钮

　　在图层控制面板的锁定设置区中，系统提供了 4 种锁定方式，对应按钮的意义如下：

- ▣ 按钮：按下该按钮，将锁定图层的透

明区，即禁止在透明区绘画；

- ✎ 按钮：按下该按钮，将锁定层编辑，即禁止编辑该层；
- ✛ 按钮：按下该按钮，将锁定层移动，即禁止移动该层；
- 🔒 按钮：按下该按钮，将禁止对该层的一切操作。

4．不透明度

Photoshop CS4 的图层控制面板中提供了两种不透明度的设置，一个为总体不透明度，一个为填充不透明度。

总体不透明度用于调整图层中所有图像及所有颜色通道的不透明度，而填充不透明度可以有选择地针对个别颜色通道进行调整，如对于一幅有 R、G、B 3 个通道的图像，任意选择其中的一个或两个通道进行填充，并调节其不透明度。

可以直接在文本框中填入不透明度的数值，也可单击文本框右侧的 ▶ 符号，打开调整滑杆，然后拖动滑杆设置不透明度。

5．按钮组

在 Photoshop CS4 的图层控制面板下方有一排按钮组 🔗 *fx* ◐ ⊘ ▭ ▤ 🗑 ，各按钮的意义分别介绍如下：

- 🔗 按钮：当按住 Ctrl 键或 Shift 键选择多个图层后，该按钮变为可用，单击该按钮可设置选择图层的链接。关于图层的链接请见 3.1.2 节相关内容。
- *fx* 按钮：单击该按钮，将弹出如图 3-2 所示菜单，在菜单中进行选择，打开如图 3-3 所示对话框进行设置，可为当前层增加图层样式。
- 🔲 按钮：单击该按钮为图层添加图层蒙版，如图 3-4 所示。图层右侧的缩略图为图层蒙版缩略图，其中黑色区域相当于实心蒙版，遮住了该图层的内容，白色区域相当于透明蒙版，不起遮挡作用。若图像缩略图和图层蒙版缩略图之间有一 🔗 标志，表明该图层中的图像与图层蒙

版建立了链接关系，此时，若移动和对该层图像进行变形，图层蒙版区域也将相应发生变化，单击该标志可取消链接。

图 3-2　图层样式菜单

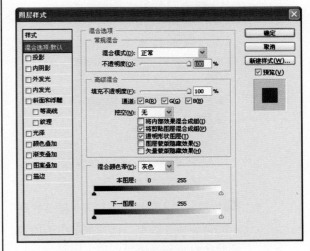

图 3-3　"图层样式"对话框

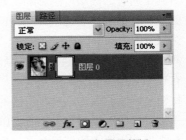

图 3-4　添加图层蒙版

- 🔲 按钮：单击该按钮可以创建一个新的层组，层组的概念是从 Photoshop 6.0 开始引入的，层组的引入使得 Photoshop 对图层的管理更加有效。可以方便地移动一层组中的所有图层（无需对每一层进行移动），或者对一层组进行属性设置，

如不透明度、图层混合模式、锁定图层等。用鼠标拖动图层就可方便地将图层加入或移出层组。如图 3-5 所示为一层组示意图，这里建立了一个层组，图层 1 和图层 2 位于该层组中，单击层组标志 📁 左侧的 ▼ 符号可折叠层组，再单击 ▶ 可将层组展开。

图 3-5　层组示意图

图 3-6　"调整"命令菜单

图 3-7　重命名图层

- 🛇 按钮：单击该按钮将打开如图 3-6 所示的调整命令菜单，选择菜单中的图像调整命令可创建调整图层，调整图层将对其下所有的图层产生影响。若创建调整图层之前制作有选区，则将创建一带图层蒙版的调整图层。

- 🔲 按钮：单击该按钮将建立一新的图层，若将图层控制面板中的其他图层拖至该按钮，则复制该层，复制得到的新层位于被复制的图层之上。系统会以一定的命名规则给建立的新层命名，也可以双击图层的名称对该层重新命名，如图 3-7 所示。

- 🗑 按钮：单击该按钮将删除当前图层，系统会给出警告。拖动面板上的图层到该按钮上，也将删除该图层，这种方法删除图层系统不会给出警告。

6. 色彩混合模式

图层控制面板的左上角有一下拉列表，用于设置图层的色彩混合模式。该列表框中显示的选项决定了当前图层与其下面的图层进行色彩混合的算法，即当前图层与其他图层的合成模式。单击该列表将弹出如图 3-8 所示菜单，共有 23 个模式选项，各模式选项的意义简单介绍如下（附效果图）：

以"斑马"图层和"河马"图层的合成效果来显示各种模式的作用，图层控制面板如图 3-9 所示。

- "正常"模式："正常"模式是图层混合模式的默认方式，是图层的标准模式。在"正常"模式下，图层中的图像将覆盖背景图层的对应区域，如果不透明度设置为 100%，那么背景图层的图像将被该图层的图像完全覆盖，逐渐减小不透明度，背景图层的图像就会慢慢显现。
如图 3-10 所示。

所示。

图 3-11 "溶解"模式（不透明度 50%）

图 3-8 图层混合模式菜单

图 3-12 "变暗"模式

图 3-9 图层控制面板

- "正片叠底"模式：此模式将当前图层和背景图层像素颜色的灰度级进行乘法运算，得到灰度级更低的颜色，即显示较暗的颜色，而灰度级较高的颜色不予显示，如图 3-13 所示。

图 3-13 "正片叠底"模式

图 3-10 "正常"模式（不透明度 50%）

- "溶解"模式："溶解"模式将前景色或图像以颗粒的形状随机分配在选区中。不透明度为 100% 时，"溶解"模式不起作用，当不透明度小于 100% 时，图层中的图像将会逐渐溶解，部分像素消失，消失的部分显示背景图层的图像，如图 3-11 所示。

- "变暗"模式：选择该模式，系统将比较当前层和背景层对应点的像素，用当前层中较暗的像素取代背景层中较亮的像素，背景层中较暗的像素不变，如图 3-12

- "颜色加深"模式：此模式将使图层中的颜色加深、亮度变暗，类似于使用了加深工具 🖐 后的效果，如图 3-14 所示。
- "线性加深"模式：该模式下，系统将查看每个通道中的颜色信息，并通过减小亮度使基色变暗以反映混合色，与白色混合后不产生变化，如图 3-15 所示。
- "变亮"模式：与"变暗"模式相反，系统将比较当前层和背景层对应点的像素，用当前层中较亮的像素取代背景层中较暗的像素，背景层中较亮的像素不变，如图3-16所示。

图3-14　"颜色加深"模式

图3-15　"线性加深"模式

图3-16　"变亮"模式

- "滤色"模式：选择此模式时，系统将当前层与背景层的互补色相乘，再转为互补色，得到的图像通常比较浅，如图3-17所示。

图3-17　"滤色"模式

- "颜色减淡"模式：该模式将提高当前图层像素的亮度值，从而加亮图层的颜色值，使图层的颜色减淡，类似于使用

了减淡工具 后的效果，如图3-18所示。

图3-18　"颜色减淡"模式

- "线性减淡"模式：此模式下，系统将查看每个通道中的颜色信息，并通过增加亮度使基色变亮以反映混合色，与黑色混合则不发生变化，如图3-19所示。

图3-19　"线性减淡"模式

- "叠加"模式：此模式将当前图层与背景图层的颜色相叠加，并保持背景图层颜色的明暗度，如图3-20所示。

图3-20　"叠加"模式

- "柔光"模式：此模式用于调整当前图层的颜色灰度，当灰度小于50%时，图像变亮；当灰度大于50%时，图像变暗，如图3-21所示。
- "强光"模式：如果当前图层颜色灰度大于50%，则以"滤色"模式混合；如果当前图层颜色灰度小于50%，则以"正片叠底"模式混合，如图3-22所示。

图 3-21 "柔光"模式

图 3-22 "强光"模式

- "亮光"模式：通过增加或减小对比度来加深或减淡颜色，具体取决于混合色。如果混合色比 50% 灰色亮，则通过减小对比度使图像变亮，反之，如图 3-23 所示。

图 3-23 "亮光"模式

- "线性光"模式：通过减小或增加亮度来加深或减淡颜色，具体取决于混合色。如果混合色比 50% 灰色亮，则通过增加亮度使图像变亮，反之，如图 3-24 所示。

图 3-24 "线性光"模式

- "点光"模式：替换颜色，具体取决于混合色。如果混合色比 50% 灰色亮，则

替换比混合色暗的像素，而不改变比混合色亮的像素。如果混合色比 50% 灰色暗，则替换比混合色亮的像素，而不改变比混合色暗的像素，如图 3-25 所示。

图 3-25 "点光"模式

- "差值"模式：选择此模式时，系统以当前图层和背景图层颜色中较亮颜色的亮度减去较暗颜色的亮度。如果当前图层颜色为白色时，合成效果将使背景颜色反相，如果当前图层颜色为黑色时，合成后背景颜色不变，如图 3-26 所示。

图 3-26 "差值"模式

- "排除"模式：与白色混合将反转反转颜色，与黑色混合则不发生变化，如图 3-27 所示。

图 3-27 "排除"模式

- "色相"模式：用背景层的亮度和饱和度以及混合色的色相创建结果色，如图 3-28 所示。

- "饱和度"模式：选择此模式，当前图层颜色的饱和度决定合成后的图像的饱和度，而亮度和色相由背景图层颜色决定，如图 3-29 所示。

图 3-28 "色相"模式

图 3-29 "饱和度"模式

- "颜色"模式：选择此模式，当前图层颜色的色相和饱和度决定合成后的图像的色相和饱和度，而亮度由背景图层颜色决定。如图 3-30 所示。

图 3-30 "颜色"模式

- "亮度"模式：此模式与颜色模式相反。如图 3-31 所示。

图 3-31 "亮度"模式

7. 图层编辑快捷菜单

单击图层控制面板右上角的 ▼☰ 按钮，将弹出如图 3-32 所示的快捷菜单，用户可选择相关命令对图层进行操作。

图 3-32 图层编辑快捷菜单

3.1.2 图层的关键操作

1. 创建图层

（1）创建普通层。在图层控制面板中单击 ▣ 按钮，可方便地创建一新的普通图层，用这种方法创建的图层是完全透明的。此外，用户还可以执行"图层" | "新建" | "图层"命令来创建新层，此时系统将打开如图 3-33 所示的"新图层"对话框，在此对话框中可设置图层名称、颜色、不透明度和图层的色彩混合模式等。这里的颜色仅仅是该图层在图层控制面板的标志列显示的颜色，图层本身是透明的，如选择红色，创建的新层如图 3-34 所示。若选择与前一图层编辑，则表示该新建层与前一图层组成剪辑组（剪辑组将在后面进行介绍）。

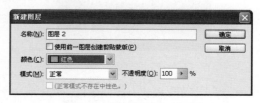

图 3-33 "新建图层"对话框

图 3-34　新建红色图层

此外，执行"编辑"｜"粘贴"或"编辑"｜"粘贴入"命令也可创建新层，后者创建的新层带有图层蒙版。

（2）创建调整图层。调整图层是很有用的图层，它使得图像编辑更具灵活性。利用调整图层，用户可将"色阶"、"曲线"、"色相/饱和度"等调整命令制作的效果单独放在一个图层中，而原图并未真正改变。以后只需简单地打开或关闭调整图层，即可为图像添加或撤销某一种或多种调整效果，如果用户对调整效果不满意，可双击调整图层上的缩略图，打开设置对话框，重新进行调整。

单击图层控制面板中的  按钮，将弹出"调整"命令菜单，在其中选择适当的菜单项来创建调整图层。如图 3-35 所示。也可选择"图层"｜"新建调整图层"菜单项弹出相应的子菜单进行选择来创建调整图层。

尝试为图像创建一个"色相/饱和度"调整图层，单击 按钮，执行"色相/饱和度"命令，在打开的"色相/饱和度"对话框中设置相关参数，如图 3-36 所示，然后单击"确定"按钮，此时图层控制面板如图 3-37 所示。

由图中可看出，调整图层实际上是一个带图层蒙版的图层，因此，用户也可直接对图层蒙版进行编辑，如填充、渐变等。

（3）创建填充图层。填充图层也是一种带图层蒙版的图层，其内容可为实色、渐变色或图案。用户可以将填充图层转换为调整图层，可以随时

更换其内容，也可以通过对图层蒙版的编辑制作各种特殊效果。

图 3-35　利用图层控制面板创建调整图层

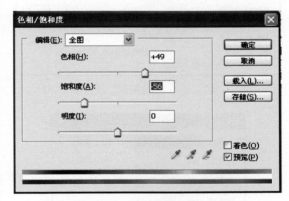

图 3-36　"色相/饱和度"对话框

图 3-37　创建"色相/饱和度"调整图层

"图层"｜"新建填充图层"子菜单有 3 个菜单项："纯色"、"渐变"和"图案"，用户可以根据需要选择相应命令创建填充图层。下面通过一实例来说明填充图层的用法，步骤如下：

1）打开如图 3-38 所示图像。

图 3-38 原始图像及图层控制面板

2）执行"图层"｜"新填充图层"｜"渐变"命令，打开如图 3-39 所示对话框，单击"确定"按钮，接着打开如图 3-40 所示"渐变填充"对话框，在这里设置绿色到紫色的渐变，并设置"线性"渐变方式和渐变角度。

图 3-39 "新建图层"对话框

图 3-40 设置"渐变填充"对话框

3）单击"确定"按钮，得到如图 3-41 所示图像。

图 3-41 新建填充图层

4）对图层蒙版进行编辑。按住 Alt 建，单击图层控制面板中新建的填充图层右侧的图层蒙版缩略图，此时图像将呈现白色，表示当前正对图层蒙版进行操作，未经过编辑的图层蒙版为白色。在工具箱中选中渐变工具，在工具属性栏上设置黑色到白色渐变，并选择径向渐变方式，用鼠标在图中拉出如图 3-42 所示渐变图案。

5）按住 Alt 建再次单击控制面板中的图层蒙版缩略图，关闭图层蒙版的显示，得到填充图层和背景层合成的效果，如图 3-43 所示。

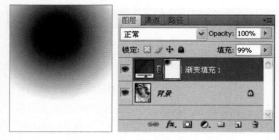

图 3-42 编辑图层蒙版

6）对图层蒙版使用"添加杂色"和"径向模糊"滤镜，最终效果如图 3-44 所示。

需要注意的是，对填充图层和调整图层的操作都是针对该图层蒙版的，并不能改变填充和调整本身的效果，看到的图像整体效果的变化都是图层蒙版引起的。这和普通图层的操作不同，如果普通图层添加有图层蒙版，可以分别对图层和该图层蒙版进行编辑。

图 3-43 填充图层和背景层合成效果

提示
执行"图层" "更改图层内容"命令可将填充图层转换为调整图层。

图 3-44 最终效果图

（4）创建文字图层。在工具箱中选中文字工具 **T**，在图像中单击，即可创建文字图层。文字图层在图层控制面板中以 T 符号表示。

由于 Photoshop 的大部分图像编辑命令对都不能用于文字图层，因此，如果要对文本进行一些特殊处理（如颜色调整、添加滤镜效果等），需首先将文字图层转换为普通层。要转换文字图层，应在该层上右击鼠标，然后在弹出的快捷菜单中选择"栅格化文字"命令（如图 3-45 所示），或者在选中该层后，执行"图层"｜"栅格化"｜"文字"命令也可将文字图层转换为普通层。

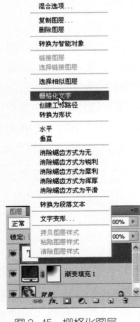

图 3-45 栅格化图层

将文字图层转换为普通层后，该层列表左侧的 T 符号将消失，此时用户就可以像处理其他普通层一样处理该层了。但是这种转换是不可逆的，即文字图层在被转换为普通层后，就不可能再被转换为文字图层了。因此，在将文字图层转换为普通层之前，应确定文本的字体和大小不需要再修改了，虽然在普通层中也可通过变换命令改变文字的大小，但这会造成一定程度的失真，所以最好在文字图层完成对文字相关设置。

（5）创建形状图层。从 Photoshop 6.0 开始，用户可以使用形状工具来制作向量图形。当用户使用形状工具绘制向量图形时，系统会自动创建形状图层，和调整图层和填充图层一样，形状图层也是带图层蒙版的图层。

选择自定形状工具 ，在工具属性栏上选择要绘制图形的形状，然后绘制图形，如图 3-46 所示。由于当前前景色为红色，系统自动以红色填充形状区域。每次绘制时按下 Shift 键，绘制的形状将位于同一形状图层中，否则，每次绘制时系统都将建立一新的形状图层。

图 346 创建形状图层

如果想改变形状，可在工具箱中选中直接选择工具 ，然后单击形状的边线，此时将在形状的边线上显示其控制点（又称锚点），通过编辑形状的锚点即可改变形状。选中路径选择工具 可移动形状的位置。如图 3-47 所示。

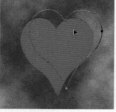

图 3-47　更改和移动形状

执行"图层"｜"更改图层内容"命令可更换图层的内容或将形状图层转换为调整图层，如图 3-48 所示，形状图层的内容被更换为渐变和图案。

图 3-48　更改图层内容

提示
用户无法编辑形状图层的图层蒙版内容，只能调整形状或移动其位置。执行"图层"　"栅格化"命令可把形状图层转换为普通图层。

2．删除、复制和移动图层

要删除图层，用户只需在图层控制面板中选中该层，然后单击下方的 🗑 按钮或者执行"图层"｜"删除"命令，也可在图层控制面板中直接将要删除的图层拖至 🗑 按钮上。

用户可将图像中的图层复制到本图像中或其他图像中。要复制到本图像中，可在图层控制面板中直接将该层拖至 🗐 上。此外，在选中要复制的图层后右击鼠标或执行"图层"｜"复制图层"命令，也可复制图层，此时将弹出如图 3-49 所示"复制图层"对话框。用户可在此对话框中设置层名称，选择要复制到的文件，"文档"下拉列表中列出了当前 Photoshop 所打开的所有图像文件，若在该下拉列表中选择"新建"，则将选定的图层复制到一个新的图像文件中，此时下方的"名称"文本框变为可用，在此可输入新建

图像文件的名称。

图 3-49　"复制图层"对话框

还可以将选区中的图像制作为新层。在选定图像区域后，右击鼠标，将弹出一快捷菜单，选择其中的"通过拷贝的图层"或"通过剪切的图层"命令，则将选定区域制作为新层，前者将保持原图层该区域的图像。

提示
复制图层时，如果原图层有图层样式，则样式将一起被复制。

按住 Ctrl 键，并在图像中拖动鼠标，将移动当前图层中的图像。如果图层中制作有选区（选区内不能为空），将鼠标移至该选区内，按住 Ctrl 键并拖动鼠标，将移动当前图层的选区内图像。如果在移动的同时按住 Alt 键，将复制当前图层。

3．调整图层的叠放次序

Photoshop 的图层是自上而下一层层叠放的，而且总是上面的图层覆盖下面的图层，因此改变图层的叠放次序，将得到不同的显示效果。

要调整图层的叠放次序，只需在图层控制面板中拖动选定的图层到指定位置即可。另外，还可选择"图层"｜"排列"菜单项弹出如图 3-50 所示子菜单，选择适当命令调整当前图层的位置。

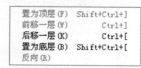

图 3-50　调整图层叠放次序菜单

4．图层的合并

在处理的图像时，为了节省磁盘空间或者由于操作的需要，往往需要将一些图层合并为一个图层，这就要用到图层合并命令。"图层"主菜

单和图层控制面板的快捷菜单中有三个图层合并命令，如图 3-51 所示。

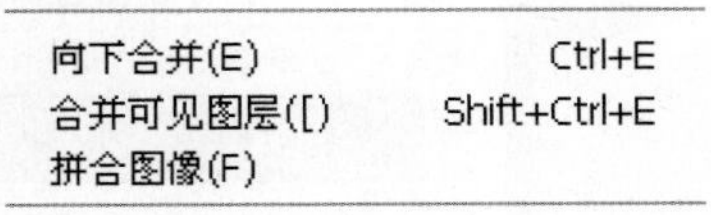

向下合并(E)	Ctrl+E
合并可见图层([)	Shift+Ctrl+E
拼合图像(F)	

图 3-51 图层合并命令

执行"向下合并"命令将使当前图层和其下的第一个图层合并，当其下的第一个图层不可见时，该命令不可用。如果当前图层与某可见图层建立了链接，则该命令变为"合并链接图层"。

"合并可见图层"将合并图层控制面板中带有 👁 标志的所有图层。

"拼合图像"命令将合并所有图层，并在合并的过程中丢弃所有隐藏图层。

提示
"向下合并"和"合并可见图层"在当前图层不可见的情况下不可用。

5. 对齐图层

若当前图层有链接图层时，选择"图层"|"对齐"菜单项将弹出如图 3-52 所示子菜单，选择其中命令以当前图层为准重新排列链接图层。

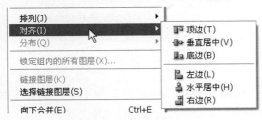

图 3-52 对齐链接图层菜单

图 3-53 原图

必须建立了两个或两个以上的链接图层，"对齐"命令才有效。下面给出了如图 3-53～图

3-58 所示的几种对齐方式的效果。

图 3-54 图层控制面板

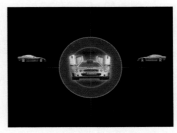

图 3-55 顶边对齐

图 3-56 垂直居中

图 3-57 左边对齐

图 3-58 水平居中

如果图像中制作了选区，"对齐"菜单将变为"将图层与选区对齐"，制作矩形选区后执行"左边"和"水平居中"的效果如图 3-59 所示。

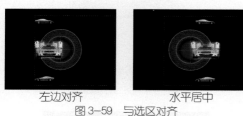

左边对齐　　　　　水平居中

图 3-59　与选区对齐

6. 创建剪辑组

当将鼠标移至图层控制面板两层之间的分界线上并按下 Alt 键时，鼠标会变为 形状，此时单击鼠标，将创建一剪辑组。下面举一实例来说明其用法。

(1) 打开如图 3-60 所示图像，图中有三个图层，"叶"、"脸"和"背景"。其中 "叶"层的不透明度为 100%，因此其覆盖了下面两个图层的内容。

图 3-60　原图

(2) 按上述方法将"叶"层和"脸"层合并为剪辑组。如图 3-61 所示，剪辑组底层的名称下增加了一条下滑线。由图中可看出，剪辑组中的底层其实起到了图层蒙版的作用，剪辑组中的上层就是图层蒙版内容。

(3) 调整"脸"层的不透明度到 50%，得到如图 3-62 所示的效果。由此可看出，剪辑组的不透明度取决于底层图像的不透明度，底层图像的色彩混合模式也决定整个剪辑组的色彩混合模式。

取消剪辑组的方法和创建剪辑组的方法一样，将鼠标移至剪辑组两层分界线上，按下 Alt

键并单击鼠标即可。

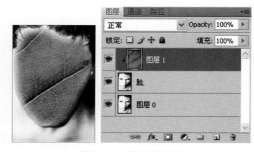

图 3-61　创建剪辑组

如果要将多个相邻的图层建立剪辑组，则应首先将这些图层设置为链接，然后执行"图层"|"编组链接图层"命令。若要取消由多个图层建立的剪辑组，只需在按住 Alt 键后在最下面一条图层分界线上单击即可，也可通过执行"图层"|"取消编组"命令来撤销剪辑组。

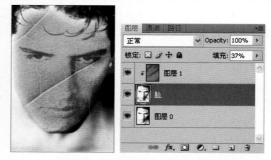

图 3-62　调整"脸"层的不透明度

7. 使用蒙版

在前面的内容中已涉及到了图层蒙版的相关内容，下面再对蒙版的特点作一简要介绍。

蒙版被用来显示或隐藏图层的部分区域，或保护区域以免被编辑。可以创建两种类型的蒙版：图层蒙版，是与分辨率相关的位图图像，它们一般由绘画或选择工具创建；矢量蒙版，与分辨率无关，并且由钢笔或形状工具创建。

图层蒙版是一种灰度图像，因此用黑色绘制的区域将被隐藏，用白色绘制的区域是可见的，而用灰度梯度绘制的区域则会出现在不同层次的透明区域中。矢量蒙版可在图层上创建锐边形状，无论何时当您想要添加边缘清晰分明的设计元素时，矢量蒙版都非常有用。使用矢量蒙版创建图层之后，您可以向该图层应用一个或多个图层样式，如果需要，还可以编辑这些图层样式，并且立即会有可用的按钮、面板或其他 Web 设计元素。

（1）创建图层蒙版。选择"图层"｜"图层蒙版"菜单项弹出如图 3-63 所示子菜单。

其中"显示选区"和"隐藏选区"选项只有在制作了选区后才可用，"删除"、"应用"、"启用"和"取消链接"选项在创建了图层蒙版和建立链接后才可用，若在图中制作了一椭圆形选区，选择图 3-64 中的四条命令创建图层蒙版后的图层控制面板如图 3-64 所示。

图 3-63　"图层蒙版"子菜单

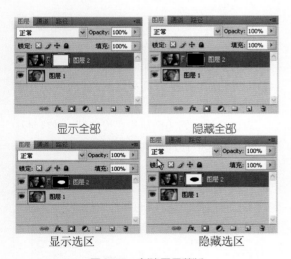

图 3-64　创建图层蒙版

图层蒙版的白色区域为图层的显示区，黑色部分为图层的隐藏区。

（2）编辑图层蒙版。可以利用填充、渐变等命令对图层蒙版进行编辑，但图层蒙版为 256 色灰度图像，无论用什么色彩编辑图层蒙版，最后都将转换为黑色、灰色或白色。在图层蒙版中作

渐变可制作图层互相融合的效果，我们来看一个实例。

- 打开如图 3-65 所示的图像，设置"图层 2"为当前图层，单击图层控制面板中的 ▣ 按钮创建图层蒙版，将默认创建一显示全部的图层蒙版。

图 3-65　创建图层蒙版

- 选中渐变工具 ▣，设置渐变颜色为白色到黑色渐变，渐变方式为线性渐变。鼠标单击"图层 2"中的图层蒙版缩略图，表示当前对图层蒙版进行操作，从图的左上角向右下角拖动鼠标制作渐变，效果如图 3-66 所示，"图层 1"和"图层 2"很好地融合了。

图 3-66　编辑图层蒙版效果

（3）渐变图层蒙版转换为选区。还可随时根据需要将图层蒙版转换为选区。在图层控制面板中右击图层蒙版缩略图打开如图 3-67 所示快捷菜单，选择合适的命令就可将图层蒙版转换为选区。

图 3-67　图层蒙版快捷菜单

（4）停用、删除和应用图层蒙版。如果想停用或删除图层蒙版，可选择图 3-68 中相应选项。图层蒙版一旦停用，会在图层蒙版缩略图上出现一各红色的"×"符号，如图 3-68 所示。如果要重新打开图层蒙版，右击蒙版缩略图，打开快捷菜单，原先的"停用图层蒙版"变为"启用图层蒙版"，选择该项即可。

执行快捷菜单中的"应用图层蒙版"命令可将图层蒙版效果应用的图层当中，图层蒙版随即被删除。由于"应用图层蒙版"对图层的更改是不可恢复的，因此在执行该命令前一定要确定图像已达到了满意的效果。

（5）创建矢量蒙版。选择形状工具可直接创建带矢量蒙版的图层，也可用钢笔工具绘制路径，然后执行"图层"|"矢量蒙版"|"当前路径"命令创建基于当前路径的矢量蒙版。

图 3-68　停用图层蒙版

8．设置图层样式

在 Photoshop 中，用户可以为图层添加图层样式来制作各种特殊效果。例如要为某图层制作斜面和浮雕，只需在选中该图层后，单击图层控制面板中的 **fx.** 按钮，在弹出的快捷菜单中选择"斜面和浮雕"命令，打开"图层样式"对话框，在对话框中设置相关参数，然后单击确定，图层的斜面和浮雕效果就完成了。

图 3-69　图层样式快捷菜单

图层样式快捷菜单如图 3-69 所示，菜单中有多个选项，每个选项对应一种图层样式。选中任意一个选项都将打开如图 3-70 所示的"图层样式"对话框。

在"图层样式"对话框的左侧可选择要添加的图层样式，用户可以为一个图层添加几种图层样式，选中的样式名称前面会被打上"√"符号，当前设置的样式以蓝底高亮显示，如图 3-70 中的"斜面和浮雕"。

对话框的中间为图层样式设置区，该区域中列出了当前选中样式可供设置的所有参数，可以通过改变各种参数达到不同的效果。选中对话框右侧"预览"复选框，可以直观地观察参数的改变对图层样式的影响，从而有针对性地进行调整。

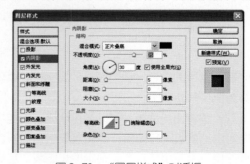

图 3-70　"图层样式"对话框

为图层添加图层样式后，图层控制面板列表区的右侧将出现 fx ▲ 符号，如图 3-71 所示。单击小三角符号可关闭或打开用于该图层的效果下拉列表，在打开效果下拉列表的情况下单击其中的图层样式前的 👁 可关闭或打开该样式的效果。

图 3-71　添加图层样式后的图层控制面板

在有图层样式的图层上右击鼠标，打开快捷菜单，执行其中的"拷贝图层样式"命令可复制当前图层的样式，然后在需要添加同一图层样式的图层上右击鼠标，执行"粘贴图层样式"命令，就可将该图层样式应用到当前层中。如果执行快捷菜单中的"删除图层样式"命令可删除当前图层的样式。

如果要更改设置好的图层样式的效果，可双击该图层，重新打开"图层样式"对话框，更改相关参数。

在制作好图层样式之后，可将其保存在样式控制面板中。为此，可单击样式控制面板右上角的 新建样式(W)... 按钮，在弹出的菜单中执行"新样式"命令打开如图 3-72 所示"新建样式"对话框，设置好后单击"确定"按钮，即可将当前图层的样式存储到样式控制面板中。

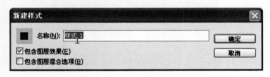

图 3-72　"新建样式"对话框

3.2　图层的应用

熟悉图层的操作是熟练使用 Photoshop 的基础，图层的操作并不复杂，但是其包含的功能却很多。正确处理图层与图层之间的关系、恰当使用图层样式和色彩混合模式是学习图层的关键。在实际应用的过程中，图层发挥的空间很大，如给图层添加各种样式、调整图层的不透明度和色彩混合模式、编辑图层蒙版产生渐隐效果等。

调整不同图层的不透明度及色彩混合模式可得到有较强层次感的图像，图 3-73 和 3-74 所示。

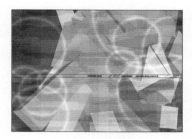

图 3-73　示例图

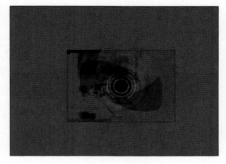

图 3-74　示例图

3.2.1　空中殿堂——Photoshop 体现立体空间

虽然 Photoshop 是纯粹的平面图像处理软件，但只要设计者拥有较强的空间思维能力、了

解三维透视原理，再加上一些图像处理技巧，一样可以用 Photoshop 制作出立体感很强的作品来。

这副作品主要使用地板、相册和一大一小两只海鸥来体现空间立体感，飞翔的海鸥也增加了图像的动感，再加上远处的云彩和地板的倒影，整幅图像的三维视觉更加强烈。制作倒影时要注意视觉原理，如图中远处那只海鸥的倒影相对于云彩的倒影的位置与空中海鸥相对于云彩的位置，是会有差异的，这应该在作品中有所体现。

通过这个实例，除了学习使用 Photoshop 体现空间感的技巧外，也应该更加熟悉图层的相关操作，如图层的链接与合并、图层蒙版的使用和图层样式等。此外，此实例还涉及到了自定义图案的知识，应熟练掌握其应用。

"空间殿堂"的制作过程：

（1）首先定义一图案。执行"文件"｜"新建"命令新建一 200×200 的 RGB 文档，背景色为白色，如图 3-75 所示。

（2）执行"视图"｜"显示"｜"网格"命令显示网格，如图 3-76 所示。若网格大小不合适，可命令"编辑"｜"预置"｜"参考线、网格和切片"命令打开"预置"对话框设置网格大小，使得网格正好将图像平分为 4 个正方形。

（3）用矩形选择工具制作如图 3-77 所示选区，网格使得制作这样的选区非常方便。

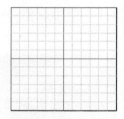

图 3-75　新建图像　　图 3-76　显示网格

（4）执行"编辑"｜"填充"命令对选区进行填充，然后再次执行"视图"｜"显示"｜"网格"命令隐藏网格，并按 Ctrl+D 取消选区。结果如图 3-78 所示。

（5）执行"编辑"｜"定义图案"命令将此黑白方格定义为新的图案，如图 3-79 所示。

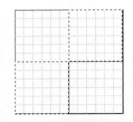
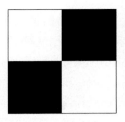

图 3-77　制作正方形选区　　图 3-78　填充选区

图 3-79　"定义图案"对话框

（6）打开如图 3-80 所示的素材图像。

图 3-80　素材图像

（7）执行"文件"｜"存储为"命令，将该素材图像另存为"空中殿堂"文档，选择 PSD 格式。接下来我们都在"空中殿堂"文档中进行操作。注意图 3-81 和图 3-82 的标题栏。

图 3-81　另存图像

（8）单击图层控制面板中的 按钮，新建"图层 1"，用矩形选择工具制作一矩形选区，然后执行"编辑"｜"填充"命令，填充刚才定义的图案。"填充"对话框和填充结果如图 3-82 所示。

（9）按 Ctrl+D 取消选区。执行"编辑"｜"变换"｜"透视"命令，对"图层 1"进行透视变换，使得方格有由远至近的效果，如图 3-83 所示。

图 3-82 填充自定义图案

图 3-83 透视变换

（10）右击鼠标，在弹出的快捷菜单中选择"自由变换"命令，将方格压扁些。变换完毕后，在变换区内双击鼠标应用变换，结果如图 3-84 所示。

图 3-84 自由变换

（11）打开如图 3-85 所示素材图像。

（12）用魔术棒选择工具 ✎ 选取图中所示白色区域，如图 3-86 所示。

图 3-85 素材图像

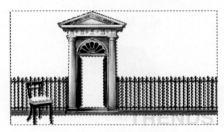

图 3-86 选择白色区域

（13）执行"选择"｜"反选"命令反转选区，选中白色以外的部分，按 Ctrl+C 复制选区内内容，回到主图中，按 Ctrl+V 粘贴图像，此时主图及其图层控制面板如图 3-87 所示，空间立体感得到体现。

图 3-87 复制图像

（14）下面来做相框。打开如图 3-88 所示素材图像。

（15）用矩形选择工具选取要放入相框的部

分，如图 3-89 所示。

图 3-88　素材图像

图 3-89　制作矩形选区

（16）选择移动工具，按住 Alt 键，将选区内部分从素材图像拖动到主图中，完成复制，主图中将自动创建一新层（图层 3）。此时主图和图层控制面板如图 3-90 所示。

图 3-90　复制图像

（17）执行"编辑"｜"自由变换"命令，

适当调整"图层 3"中图像的大小，如图 3-91 所示。

图 3-91　自由变换

（18）按住 Ctrl 键，单击"图层 3"，载入该层选区。执行"选择"｜"修改"｜"平滑"命令，在弹出的对话框中设置"取样半径"为 10 个像素，如图 3-92 所示。

（19）执行"选择"｜"反选"命令反转选区，按 Delete 键删除选区内部分，如图 3-93 所示。

图 3-92　载入并平滑选区

图 3-93　反转选区并清除内容

（20）按 Ctrl+D 取消选区，然后用矩形选择工具制作如图 3-94 所示选区。

（21）按下 Ctrl+Alt 键，单击"图层 3"，将从矩形选区中减去"图层 3"内容对应的的选区，如图 3-95 所示。

（22）单击图层控制面板中的 按钮，新建"图层 4"，执行"编辑"｜"填充"命令，"填充"对话框和填充效果如图 3-96 所示。

图 3-94 制作矩形选区

图 3-95 从矩形选区中减去"图层 3"内容对应选区

（23）按 Ctrl+D 取消选区。双击"图层 4"，打开"图层样式"对话框，为图层 4 添加图层样式，"图层样式"对话框的参数设置和效果如图 3-97 所示。

（24）将"图层 3"和"图层 4"建立链接，然后执行"编辑"｜"变换"｜"扭曲"命令，将链接图层变换如图 3-98 所示。

（25）做另一个相框，方法稍有不同。打开如图 3-99 和图 3-100 所示的两个素材图像。

图 3-96 填充图案

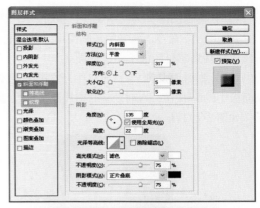

图 3-97 为"图层 4"添加图层样式

图 3-98 建立"图层 3"和"图层 4"的链接并变换图像

图 3-99 素材图像 1

（26）素材图像 2 为当前文件，执行"图层"｜"复制图层"命令，打开"复制图层"对话框，将该层复制到素材图像 1 中，如图 3-101 所示。

（27）素材图像 1 为当前文件，单击图层控制面板中的 按钮，为刚复制的图层添加图层蒙版，如图 3-102 所示。

图 3-102　添加蒙版

图 3-100　素材图像 2

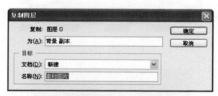

图 3-103　编辑蒙版

图 3-101　复制图层

（28）选择渐变工具，在工具属性栏上设置白色到黑色渐变，单击图层蒙版缩略图，从左至右拖动鼠标制作出渐变。效果如图 3-103 所示，两个图层看起来相互融合了。

（29）在工具箱中选择裁剪工具 在图中选出要放到相框中的部分，如图 3-104 所示。

（30）选择好后，在区域中双击，应用裁剪，结果如图 3-105 所示。

（31）执行"图像"｜"画布大小"命令调整画布大小，如图 3-106 所示，当前背景色为黑色。

图 3-104　选择裁剪区域

（32）用魔术棒工具 选出图中黑色区域，新建"图层 1"，执行"编辑"｜"填充"命令，填充如图 3-107 所示图案。

图 3-105 应用裁剪

图 3-106 调整画布大小

图 3-107 用图案填充黑色区域

（33）按 Ctrl+D 取消选区，双击"图层 1"打开"图层样式"对话框，为其添加"斜面和浮雕"图层样式，选中"纹理"复选框，设置及效果如图 3-108 所示。

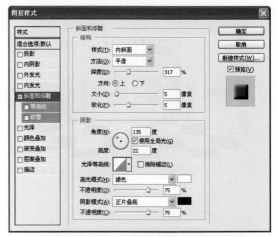

图 3-108 添加图层样式

（34）执行"图层"｜"合并可见图层"命令，将所有图层合并，然后按 Ctrl+A 全选图像，再按 Ctrl+C 复制，最后关闭素材图像。

（35）回到主图中，按 Ctrl+V 粘贴刚才复制的图像，系统会自动创建"图层 5"，如图 3-109 所示。

（36）执行"编辑"｜"变换"｜"扭曲"命令，变换"图层 5"中的图像如图 3-110 所示。

（37）选中"图层 4"，执行"图层"｜"向下合并"命令，合并"图层 4"和"图层 3"。然后分别对两个相框图层执行"图像"｜"调整"｜"曲线"命令，适当调整其曲线，如图 3-111 所示。

（38）制作地板的反光效果。复制左侧相框图层为倒"倒影层1"，执行"编辑"｜"变换"｜"垂直翻转"命令，然后执行"编辑"｜"变换"｜"扭曲"命令，将其变换为相框的倒影，如图3-112所示。

图3-109　复制图像

图3-110　"扭曲"变换图像

图3-111　"曲线"调整

（39）复制右侧相框图层为倒"倒影层2"，

执行"编辑"｜"变换"｜"垂直翻转"命令，然后执行"编辑"｜"变换"｜"扭曲"命令，将其变换为右侧相框的反倒影，如图3-113所示。

图3-112　制作倒影

图3-113　制作倒影

（40）复制"图层2"（门层）为"倒影层3"，执行"编辑"｜"变换"｜"垂直翻转"命令将其垂直翻转，并移至适当位置，如图3-114所示。

图3-114　制作倒影

（41）建立"倒影层1"和"倒影层2"与"倒影层3"的链接，控制面板如图3-115所示。

（42）执行"图层"｜"合并链接图层"命令，将三个倒影层合并为一个"倒影层"，然后在图层控制面板中调节该层的不透明度为50%，如图 3-116 所示。

图 3-115 建立链接

图 3-116 合并链接图层并调整不透明度为 50%

（43）接下来在空中放入一大一小两只海鸥，增加图像的动感与立体感。打开如图 3-117 所示素材图像。

（44）用魔术棒工具 ⚲ 选取海鸥以外的区域，然后执行"选择"｜"反选"命令反转选区，再按 Ctrl+C 复制海鸥。如图 3-118 所示。

图 3-117 素材图像

（45）回到主图，按 Ctrl+V 粘贴图像，系统自动创建"图层 6"，双击"图层 6"的名称，将"图层 6"改名为"海鸥"，如图 3-119 所示。

（46）复制"海鸥"图层为"海鸥副本"图层，执行"编辑"｜"自由变换"命令，将其旋转一定角度并缩小，放入门中，给人这只海鸥即

将飞入的印象。如图 3-120 所示。

图 3-118 选取海鸥

图 3-119 复制海鸥

图 3-120 复制"海鸥"图层

（47）制作远处那只海鸥的倒影效果。复制"海鸥副本"图层为"倒影层4"，执行"编辑"｜"变换"｜"垂直翻转命令"将其翻转，然后用移动工具 将其移动到合适位置，调整该层不透明度为50%，并将该层与倒影层合并（合并方法参照第41步），如图3-121所示。近处的海鸥由于视角的缘故，无法看到其倒影。

图3-121　制作海鸥的倒影

（48）复制"背景"图层为"背景副本"图层，用移动工具将该层图像向上移动一段距离，现出天空的云彩，如图3-122所示。

（49）图中部分云层偏暗，影响整幅图的效果，应将其调亮些。选择魔术棒工具，在工具属性栏上设置容差为20，不选中"连续的"复选框，在图中云层暗处单击，得到如图3-123所示选区。

图3-122 移动背景

（50）执行"选择"｜"羽化"命令，在打开的羽化对话框中设置"羽化半径"为10个像素，单击"确定"按钮，此时的选区如图3-124所示。

（51）执行"图像"｜"调整"｜"亮度/对比度"命令，增加亮度，如图3-125所示。

（52）按Ctrl+D取消选区，执行"图像"｜"调整"｜"自动对比度"命令，结果如图3-126所示。

图3-123　选取云层偏暗部分

图3-124　羽化选区

图3-125　调整亮度

（53）执行"图像"｜"调整"｜"色相/饱和度"命令，打开"色相/饱和度"对话框，参数设置及效果如图3-127所示。

（54）制作天空倒影。复制"背景副本"图层为"倒影层5"，调整不透明度为50%，执行"编辑"｜"变换"｜"垂直翻转"命令将其翻转，并用移动工具向下移动到适当位置，如图3-128

所示。

图 3-126 "自动对比度"调整

图 3-127 调整色相及饱和度

（55）按住 Ctrl 键单击"倒影层"，载入"倒影层"图像对应的选区，按 Delete 键删去天空倒影中应该被遮住的区域，如图 3-129 所示。

图 3-128 制作天空倒影

（56）按 Ctrl+D 取消选区，"倒影层 5"和

"倒影层"合并（方法参照第 41 步），然后执行"图像"｜"调整"｜"亮度/对比度"命令，减少"倒影层"的亮度，效果如图 3-130 所示。

图 3-129 载入"倒影层"选区并删除天空倒影内容

图 3-130 调整倒影层亮度

（57）由于黑色的地砖反射的倒影会暗些，因此对倒影作一些调整。选中"图层 1"（地砖层），选择魔术棒工具，在工具属性栏上取消对"连续的"的选择，鼠标在任一块黑色地砖上单击，选中所有的黑色地砖。然后切换到"倒影层"，执行"图像"｜"调整"｜"亮度/对比度"命令减少选区部分的亮度，然后取消选区，最终效果如图 3-131 所示。

图 3-131 最终效果图

3.2.2 War be ended——公益海报设计

公益海报的种类很多，这幅作品选择战争作为题材，发出"停止战争"的召唤，是一张带有呼吁性质的海报。

这副作品的构图并不复杂，主要将相关题材的图片经过处理组合，叠放出一定的层次，然后利用左上角士兵茫然的眼神和右下角醒目的文字的呼应来突出主题，体现出这张海报的价值。

这个实例主要运用图层的知识，涉及到图层的链接、图层蒙版和文字图层的使用等，其中，图层蒙版的两种创建方法在这里都能找到实际的运用。

具体的设计方法。

（1）执行"文件"｜"新建"命令新建一500×400的RGB文档，背景色设置为黑色，如图3-132所示。

（2）打开若干幅素材图像，在每幅素材图像中执行"选择"｜"全选"和"编辑"｜"复制"命令，并回到主图中执行"编辑"｜"粘贴"命令。全部执行完毕后主图的图层控制面板如图3-133所示。

图3-132 新建图像

（3）单击图层控制面板中的 按钮，新建一"临时图层"，并用鼠标将其拖动放置在"图层4"之上，用矩形选择工具制作如图3-134所示选区

（按住Shift键制作不连续的选区），然后执行"编辑"｜"填充"命令，为"临时图层"填充白色，此时图层控制面板如图3-134中右图所示。

图3-133 复制素材图像

图3-134 临时图层

（4）按Ctrl+D取消选区，选中"图层1"，执行"编辑"｜"自由变换"命令，适当改变其大小，并放在图中左侧位置，如图3-135所示。

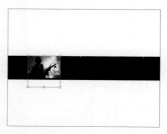

图3-135 自由变换

（5）依次对"图层2"、"图层3"和"图层4"中的图像执行"编辑"｜"自由变换"命令，结果如图3-136所示。

（6）建立"图层1"、"图层2"、"图层3"

和"图层 4"之间的链接，设置"图层 4"为当前层，单击图层控制面板中"图层 1"～"图层 3"的操作/链接标志列，显示链接标志，如图 3-137 所示。

图 3-136 变换完后的效果

图 3-137 链接图层

（7）执行"图层"|"合并链接图层"命令，将链接图层合并，此时图层控制面板如图 3-138 所示。

（8）按主 Ctrl 键单击"临时图层"，载入该图层选区，设置"图层 4"（合并后的图层）为当前图层，按 Delete 键删除选区内内容。"临时图层"的任务已完成，在图层控制面板中拖动"临时图层"到 🗑 按钮上将其删除，如图 3-139 所示。

图 3-138 合并链接图层

（9）单击图层控制面板中的 ◎ 按钮为图层 4 添加图层蒙版，选择工具箱中的渐变工具，在工具属性栏上设置白色到黑色渐变，并选择对称渐变方式（单击属性栏上的 ▦ 按钮），然后在图中从中间向右侧（或左侧）拖动鼠标，给图层蒙版

制作渐变图案，结果如图 3-140 所示。

图 3-139 删除临时图层

图 3-140 编辑图层蒙版

（10）设置"图层 5"为当前层，执行"编辑"|"自由变换"命令改变该层中图像的大小，并移至中间位置，如图 3-141 所示。

图 3-141 自由变换

（11）按住 Ctrl 键单击"图层 5"，载入选区，执行"选择"｜"羽化"命令，设置"羽化半径"为 10 个像素，如图 3-142 所示。

（12）执行"选择"｜"反选"命令反转选区，然后按 Delete 键若干次，结果如图 3-143 所示。

图 3-142　羽化选区

图 3-143　删除图像边缘

（13）按 Ctrl+D 取消选区，再次执行"编辑"｜"自由变换"命令调整图像，并调整图层不透明度为 50%，如图 3-144 所示。

图 3-144　自由变换并调整不透明度

（14）设置"图层 6"为当前层，执行"编辑"｜"自由变换"命令，缩小图像，并移至图 3-145 中所示位置。

（15）按住 Ctrl 键单击"图层 6"，载入"图层 6"的选区，执行"编辑"｜"描边"命令，对选区描边，描边宽度设置为 1 个像素，并选择白色。描边完毕，按 Ctrl+D 取消选区，结果如图

3-146 所示。

图 3-145　自由变换

图 3-146　描边选区

（16）在图层控制面板中调整"图层 6"的不透明度为 80%，效果如图 3-147 所示。

图 3-147　调整不透明度

（17）设置"图层 7"为当前图层，要选出士兵的头，首先用磁性套索工具 选出如图 3-148 所示区域。

图 3-148　制作选区

（18）按 Delete 键删除选区部分，然后选择

套索工具 🪢，在工具属性栏上设置"羽化半径"为 20 个像素，绘制如图 3-149 所示区域。

图 3-149　制作羽化选区

（19）按 Delete 键若干次删除选区内内容，并按 Ctrl+D 取消选区，结果如图 3-150 所示。

图 3-150　删除选区内容

（20）执行"编辑"｜"自由变换"命令，缩小图像，并将其移至图 3-151 所示位置。

图 3-151　自由变换

（21）在工具箱中选择文字工具 **T**，鼠标在图中单击，进入文字编辑状态，然后输入"War should be ended"，如图 3-152 所示。

（23）在工具属性栏上，调整字体的大小，突出"War"单词，按 Enter 键将"should be ended"分行，并移动文字到合适位置，如图 3-153 所示。

（24）在图层控制面板中右击文字图层，选择"栅格化图层"命令，将文字图层转换为普通层，如图 3-154 所示。

图 3-152　输入文字

图 3-153　编辑文字

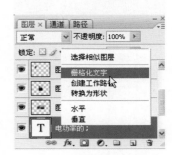

图 3-154　栅格化文字图层

（25）用矩形选择工具制作如图 3-155 所示选区。

（26）在选区内右击鼠标，在弹出的菜单中选择"通过剪切的图层"命令，将"War"剪切到另一图层中，此时图层控制面板如图 3-156 所示。

图 3-155　制作选区

（27）切换到"图层 5"，按住 Ctrl 键并单击该图层载入选区，然后按 Ctrl+C 复制图像。

（28）再切换到 War 层，按住 Ctrl 键单击该层，载入选区，然后选择"编辑"｜"粘贴入"命令，结果和图层控制面板如图 3-157 所示，系统自动建立一带有图层蒙版的图层。

图 3-156　剪切图层

图 3-157　执行"粘贴入"命令

（29）选择移动工具 🕂，移动"图层 8"中图像使得"War"字中的内容与背景更加和谐。然后按住 Ctrl 键单击 War 层，载入选区，执行"编辑"｜"描边"命令，以默认设置（先前设置的 1 个像素宽度，白色）描边，按 Ctrl+D 取消选区，再调整"图层 8"的不透明度为 80%，结果如图 3-158 所示。

图 3-158　描边选区

（30）选中 should be ended 层，用移动工具 🕂 将该层内容稍微移动位置，最后效果如图 3-159 所示。

图 3-159　最终效果图

3.2.3　《Huge RISK》——电影海报设计

电影海报是电影主要的宣传手段之一，电影海报设计的优劣与否对电影的市场有重要的影响。

试着为一部名为《Huge RISK》的电影设计电影海报，这部电影讲的是 James Crystal（虚构）饰演的 David 在敌人军中当间谍，处于随时都可能丧命的危险境地。介于战争的冷酷，选择黑白两色作为海报的主色调；由于男主角身份的两重性，将其头像置于黑白交界处，并被一分为二；在头像额头制作一靶心，代表其所处的危险，增加悬念；再配合上文字的特殊效果，这就是这张海报的整体构思。

这张海报的制作综合运用了图层、滤镜、路径等知识，借助网格和参考线对部分内容进行准确处理，也涉及到选区的一些特殊操作，涵盖的知识面较广。

电影海报的具体制作过程：

（1）新建一个 600×450 的 RGB 文档，名称就为"Huge RISK"，背景色设置为黑色，如图 3-160 所示。

图 3-160　新建图像

（2）制作男主角的头像，打开如图 3-161 所示的素材图像。

图 3-161　素材图像

（3）对素材图像进行操作。执行"图像"｜"调整"｜"曲线"命令，调整曲线，使得图像更暗些，如图 3-162 所示。

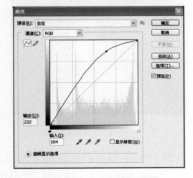

图 3-162　"曲线"调整

（4）在工具箱中选择套索工具，绘制出如

图 3-163 所示选区。

（5）按 Ctrl+C 复制图像，关闭素材图，回到主图中，按 Ctrl+V 粘贴图像，系统会自动创建"图层 1"，结果如图 3-164 所示。

图 3-163　套索工具制作选区

图 3-164　复制图像

（6）此时头像和背景黑色不够融合，白色部分和背景反差较大，我们删除一些头像边界。按住 Ctrl 键单击"图层 1"，载入选区，如图 3-165 所示。

图 3-165　载入选区

（7）执行"选择"｜"修改"｜"收缩"命令，将选区收缩 5 个像素，如图 3-166 所示。

（8）羽化选区，执行"选择"｜"羽化"命令，在弹出的对话框中设置"羽化半径"为 10 个像素，单击"确定"按钮。然后按 Shift+Ctrl+I

反转选区，或执行"选择"｜"反选"命令，效果一样，结果如图 3-167 所示。

图 3-166　收缩选区

图 3-167　羽化选区

（9）按 Delete 键若干次，删除头像边缘部分，由于羽化了选区，边界显得慢慢隐去，并不那么生硬了，如图 3-168 所示。

（10）按 Ctrl+D 取消选区。按 Ctrl+T 变换图像，也可执行"编辑"｜"自由变换"命令，效果相同，将图像逆时针稍微旋转一定的角度，将头像摆正，如图 3-169 所示。

图 3-168　删除图像边缘

（11）在变换区内双击鼠标应用变换。如图 3-170 所示。

（12）要舍去头像左半部分，用矩形选择工具制作如图 3-171 所示选区。

图 3-169　旋转图像

图 3-170　应用变换

图 3-171　制作选区

（13）按 Delete 键删除选区内内容，结果如图 3-172 所示。

图 3-172　删除选区内容

（14）按 Ctrl+D 取消选区，接下来做图像的左半部分，在图层控制面板中拖动"图层 1"到 按钮上，得到"图层 2"，如图 3-173 所示。由于复制后的图像在原位置上，看起来没什么变化。

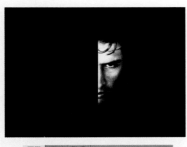

图 3-173 复制图层

（15）将"图层 2"中的图像处理变为头像的左半部分。执行"编辑"｜"变换"｜"水平翻转"命令，将"图层 2"中的图像翻转，如图 3-174 所示。

（16）选择移动工具 将翻转后的图像移至和右半部分拼合，如图 3-175 所示。移动时请按住 Shift 键，以便水平移动，细微处可用左右方向键调整。

图 3-174 翻转图像

图 3-175 移动图像

（17）执行"图层"｜"向下合并"命令合并"图层 1"和"图层 2"，得到"图层 1"，合并后的图层控制面板如图 3-176 所示。

图 3-176 图层控制面板

（18）制作额头上的靶心。执行"视图"｜"显示"｜"网格"命令，打开网格，按 Ctrl+T 变换头像，将其移至图的图 3-177 中所示位置。

图 3-177 显示网格

（19）执行"视图"｜"标尺"命令显示标尺，并拉出如图 3-178 所示两条交叉的参考线。

（20）在工具箱中选择单行选择工具 ，在水平参考线上单击，制作如图 3-179 所示选区。

图 3-178 显示标尺和参考线

（21）按 Delete 键删除"图层 1"中选区内的内容，接着选择单列选择工具，在垂直参考线线上单击制作选区，再次按 Delete 键。执行"视图"｜"显示"｜"网格"和"视图"｜"显示"｜"参考线"命令，隐藏网格和标尺看看效果，如图

89

3-180 所示。

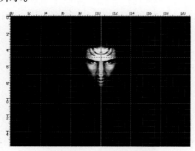

图 3-179　制作单行选区

图 3-180　制作"十"字

（22）显示网格，选择椭圆形选择工具，鼠标移至参考线交叉点附近，按住 Shift+Alt 键，拖动鼠标制作一圆形选区，如图 3-181 所示。

（23）执行"选择"｜"修改"｜"扩边"命令，扩边 1 个像素，然后按 Delete 键，删除"图层 1"中选区内内容。按同样的方法制作另一个较大的圆形选区，并删除选区内内容。然后隐藏网格，结果如图 3-182 所示。

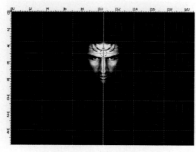

图 3-181　制作圆形选区

（24）用矩形选择工具制作如图 3-183 所示选区。

（25）隐藏标尺和参考线（方法同步骤（21））单击图层控制面板中的 ▣ 按钮新建"图层 2"，

将其拖至"图层 1"的下方，然后执行"编辑"｜"填充"命令，在选区内填充白色，如图 3-184 所示。

（26）保留选区，设置"图层 1"为当前层，执行"图像"｜"调整"｜"反相"命令，将头像的右半部分反相，如图 3-185 所示。

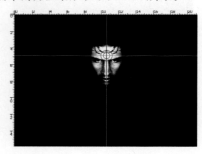

图 3-182　制作靶心

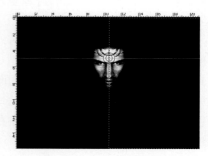

图 3-183　制作矩形选区

图 3-184　新建"图层 2"并填充选区

（27）按 Ctrl+D 取消选区，按住 Ctrl 键，按向上方向键将头像稍微上移，如图 3-186 所示。

至此，头像的制作完成。

图 3-185 "反相"调整

图 3-186 上移头像

（28）输入电影名。选择文字工具，在图中单击，首先输入"Huge"字样，通过工具属性栏把字设置大些，选择合适字体，按"Enter"键应用输入。再在图中单击鼠标，输入"RISK"字样，通过工具属性栏把字设置小些，选择合适字体，按"Enter"键应用输入。字的颜色均为白色，如图 3-187 所示。

图 3-187 输入文字

（29）按上述方法输入"James Crystal"和影片的简短介绍，如图 3-188 所示。

图 3-188 输入文字

（30）对"Huge"和"RISK"进行处理，由于 Photoshop 的许多命令不能应用于文字图层，所以首先应将这两个文字图层成转换为普通图层。在图层控制面板中右击该两个文字图层，在弹出的菜单中选择"栅格化图层"，即把文字图层转换为普通层。如图 3-189 所示。

图 3-189 栅格化图层

（31）按住 Ctrl 键单击"Huge"层，载入该层选区，如图 3-190 所示。并设置该层为当前层。

（32）在工具箱中选择渐变工具，在工具属性栏上设置渐变颜色如图 3-191 所示，不透明度为 100%。

（33）在"Huge"选区内从左上向右下拖动鼠标制作渐变，如图 3-192 所示。此时"Huge"看起来有受到光照的效果。

（34）制作"Huge"从中间产生割裂的效果。

按 Ctrl+D 取消选区，用套索工具绘出如图 3-193 所示选区。

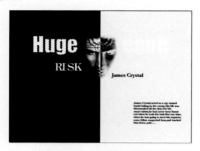

图 3-190　载入选区

图 3-191　设置渐变颜色

（35）按 Delete 键，清除选区内内容，按 Ctrl+D 取消选区，结果如图 3-194 所示。

（36）在图层控制面板中双击"Huge"层，为该层添加"斜面和浮雕"图层样式，参数设置及效果如图 3-195 所示。

图 3-192　填充渐变

（37）在图层控制面板中拖动"RISK"层到 按钮上，复制该层，复制两次，分别为 RISK1 和 RISK2 层，并拖动到 RISK 层之下。

（38）设置 RISK1 为当前图层，执行"滤镜"｜"模糊"｜"动感模糊"命令，参数设置及效果如图 3-196 所示。

（39）设置 RISK2 为当前图层，同样执行"滤镜"｜"模糊"｜"动感模糊"命令，参数设置

及效果如图 3-197 所示。

图 3-193　套索工具绘制裂纹选区

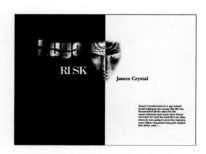

图 3-194　删除裂纹选区内容

（40）双击 James Crystal 图层，为该层添加"投影"图层样式，参数设置及效果如图 3-198 所示。

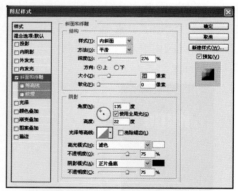

图 3-195　添加"斜面和浮雕"图层样式

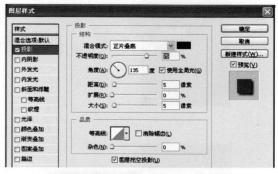

所示。

图 3-198 添加"投影"图层样式

（42）用矩形选择工具选取上半部分，可以打开网格辅助选取，然后执行"编辑"｜"填充命令"填充白色，如图 3-200 所示。

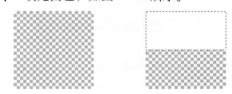

图 3-199 新建图像　　图 3-200 填充白色

（43）按 Ctrl+D 取消选区，执行"图像"｜"图像大小"命令，调整图像大小为 2×2 像素，然后再执行"编辑"｜"定义图案"命令，将该图像定义为图案，最后关掉该文件。

（44）回到主图，按住 Ctrl 键单击"图层 2"，载入选区，如图 3-201 所示。

（45）按 Shift+Ctrl+I 反转选区，如图 3-202 所示。

（46）单击图层控制面板中的■按钮新建"图层 3"，执行"编辑"｜"填充"命令，在弹出的"填充"对话框中选择刚才定义的图案，单击确定，效果如图 3-203 所示。

图 3-197 "动感模糊"滤镜

（41）定义一白条图案。执行"文件"｜"新建"命令新建一个 50×50 的透明文档，如图 3-199

图 3-196 "动感模糊"滤镜

15%，如图 3-206 所示。

图 3-201　载入选区

图 3-202　反转选区

（47）在图层控制面板中调整"图层 3"的不透明度为 10%，如图 3-204 所示。

（48）用钢笔 ✍ 等工具绘制如图 3-206 所示路径，并将其转换为选区，具体方法将在后面的章节中进行介绍。

图 3-203　填充自定义图案

（49）单击图层控制面板中的 ⬚ 按钮新建"图层 4"，拖动到"图层 2"之上，然后执行"编辑"｜"填充"命令，填充黑色，并调整不透明度为

图 3-204　调整"图层 3"的不透明度

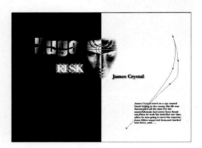

图 3-205　绘制路径

图 3-206　填充选区

（50）拖动"图层 4"到图层控制面板的 ⬚ 按钮上复制该层，然后按 Ctrl+T 进行自由变换，结果如图 3-207 所示。

（51）用文字工具输入"Time On"置于左下角，如图 3-208 所示。

（52）双击 Huge 层再为该层添加一些白色投

影效果，如图 3-209 所示，作品就完成了。

图 3-207　复制图层并自由变换

图 3-208　输入文字

在图像的设计中千万不要小看文字的作用，在图像设计领域，文字不单单是一种符号，它丰富多彩的变化（如文字特效）往往会给图像带来意想不到的效果，有时甚至比图像本身更为重要。

图 3-209　最终效果图

在本例中，文字的变化并不复杂，只是用不同大小的文字表达不同的内容，用裂开的文字特效适应电影的情节需要（危险性），效果还是差强人意的。

3.3　动手练练

- 制作如图 3-210 所示的照片撕裂效果。

（1）打开照片图像，调整画布大小，使画布比原图像稍大些。

（2）新建图层，放置于照片图层之下，并填充白色。

图 3-210　撕裂效果

（3）用套索工具 ◝ 选取图像右半部分，选区左侧边缘尽量曲折些。

（4）按 Ctrl+T 自由变换选区内图像，将其旋转一定的角度。

（5）双击照片图层，添加"投影"图层样式。

- 制作一幅比较有层次感的桌面。

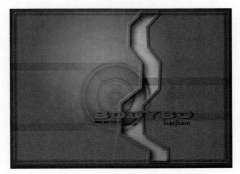

图 3-211　桌面

（1）打开背景图像，新建"图层 1"，填充浅蓝紫色。

（2）执行"滤镜"｜"Eye Candy4000"｜"Antimatter"命令，添加边缘效果。

（3）使用多边形套索工具 ◝ 制作"S"形选区，按 Delete 删除选区内图像。

（4）扩展选区，按 Ctrl+J 复制并粘贴图像。

（5）双击粘贴得到的图层，添加"斜面和浮雕"图层样式。

（6）调整"图层 1"的不透明度，显现背景。

（7）输入文字或有特殊意义的字符。

第 **4** 章 　通道——选择的利器

【本章主要内容】

　　本章主要介绍在用 Photoshop 进行比较复杂的操作时经常用到的技术——通道技术。从通道的作用入手，讲解通道控制面板的组成及相关命令的用途，然后举四个实例具体讲解通道的操作，最后提供一些有针对性的题目，供读者练习。

【本章学习重点】

- 通道控制面板
- Alpha 通道
- 通道运用

4.1　通道概述

　　其实在前面的章节中，我们已接触到通道的概念。在第 2 章的"用 Photoshop CS4 调整图像"一节中介绍的部分图像调整命令，如"色阶"、"曲线"命令等都涉及到通道的选择，选择不同的通道，将得到不同的图像调整效果。到底什么是通道呢？通道实际上是存储图像基本颜色（原色）信息的渠道，如 RGB 图像有 RGB、红、绿、蓝 4 个通道，CMYK 图像有 CMYK、青色、洋红、黄色、黑色 5 个通道，而灰度图像只有一个灰色通道等。

　　图 4-1～图 4-4 显示了一幅 RGB 图像的 4 个色彩通道。

图 4-1　RGB 通道

图 4-2　红色通道

图 4-3　绿色通道

图 4-4　蓝色通道

　　在对图像进行操作时，用户可以选择各原色通道分别进行明度、对比度、色彩平衡、曲线等调整，甚至可以对原色通道单独执行滤镜功能，制作许多特技效果。此外，还有一种 Alpha 通道，用于保存蒙版，其作用是让被屏蔽区域不受任何编辑操作的影响，从而增强图像编辑的弹性。

　　和图层的控制方法一样，通道的控制主要是通过系统提供的通道控制面板来进行，因此，我们首先来了解通道控制面板的组成。

4.1.1　通道控制面板介绍

　　执行"窗口"｜"通道"命令，将显示如图 4-5 所示的通道控制面板。

图 4-5　通道控制面板

　　由图可知，通道控制面板比图层控制面板简单得多，它仅有通道列表区、显示标志列、通道操作按钮和快捷菜单按钮。通道控制面板的操作及列表区和显示标志列的不同状态的意义和图层控制面板相同（请参照第三章相关内容），不同的是，每个通道都有一个对应的快捷键，用户可以在没有打开通道控制面板的情况下选中某个通道。

单击通道控制面板右上角的 按钮，将打开如图4-6所示的快捷菜单。

图4-6 快捷菜单

在此菜单中可选择相关命令来新建通道、复制通道、删除通道、分离通道、合并通道等。其中，选择"分离通道"命令，系统会将当前文件分离为仅包含各原色通道信息的若干个单通道灰度图像文件，如RGB图像将被分离为3个文件，CMYK图像被分离为4个文件。选择"合并通道"命令又可将分离后的文件合并。选择"调板选项"命令将弹出如图4-7所示的对话框，在这个对话框中可设置通道列表区中缩略图显示的大小，在图层控制面板中也能找到相应的选项。

图4-7 通道调板选项

通道控制面板中各按钮的意义如下：

- 按钮：用于安装选区按钮。如果希望将通道中的图像内容转换为选区，可在选中该通道后单击此按钮。这和按住 Ctrl

键单击该通道效果相同。

- 按钮：蒙版按钮。单击此按钮可将当前图像中的选区转变为一个蒙版，并保存到新增的 Alpha 通道中。蒙版以白色显示选择区域，如图4-8所示。

图4-8 将选区转换为蒙版

- 按钮：创建新通道按钮，最多可创建24个通道。新建的通道均为 Alpha 通道。
- 按钮：删除当前通道按钮，不能删除RGB、CMYK 等通道。

提示

由于RGB通道和各原色通道的特殊关系，若单击RGB通道，则各原色通道将自动显示；反之，若单击任一原色通道，则RGB通道将自动隐藏。

4.1.2 通道的关键操作

4.1.2.1 创建 Alpha 通道

单击通道控制面板中的 按钮，或者在通道快捷菜单选择"新建通道"命令，即可创建新的Alpha 通道。选择该命令时系统会打开如图 4-9所示的"新建通道"对话框。

可通过此对话框设置通道名称、通道指示颜

色和不透明度等。"色彩指示"选项组有两个选项，表示通道不同的颜色显示方式。若选择"被蒙版区域"单选按钮，表示新建通道中黑色区域代表蒙版区，白色区域代表保存的选区；若选择"所选区域"单选按钮，则表示新建通道中白色区域代表蒙版区，黑色区域代表保存的选区。

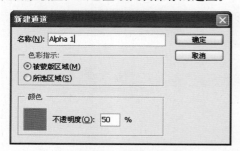

图 4-9　"新建通道"对话框

实例：

（1）打开一幅图像，该图像及其通道控制面板如图 4-10 所示。

图 4-10　原始图像及通道控制面板

（2）单击通道控制面板右上角的 ≡ 按钮，在打开的快捷菜单中选择"新建通道"命令，按图 4-9 所示设置"新建通道"对话框，结果如图 4-11 所示。

（3）单击通道控制面板中 RGB 通道对应的显示标志列，显示图像，结果如图 4-12 所示。图像被蒙上一层红色的薄雾，其颜色和不透明度是在"新建通道"对话框中设置好的，系统的默认

值分别为红色和 50%，此时图像被完全遮蔽，即通道中未保存任何选区。

图 4-11　新建通道后的图像窗口和通道控制面板

图 4-12　显示图像

（4）选择工具箱中的橡皮擦工具 ，擦拭左侧的小猫，使其显露出来，如图 4-13 所示。

（5）发现 Alpha1 通道出现了一相应的白色区域，刚才我们擦拭的区域自动保存到了 Alpha1 通道中，单击 Alpha1 通道显示该通道内容，结果如图 4-14 所示。

（6）白色区域表示存储在 Alpha1 通道中的选区。单击 RGB 通道，显示图像，然后按住 Ctrl 键单击 Alpha1 通道，载入选区，结果如图 4-15 所示，我们选取了左侧的一只小猫。

图 4-13 擦出小猫区域

图 4-14 显示 Alpha1 通道内容

4.1.2.2 创建专色通道

专色通道主要用于辅助印刷，它可以使用一种特殊的混合油墨替代或附加到图像颜色油墨中。我们知道，印刷彩色图像时，图像中的各种颜色都是通过混合 CMYK 四色油墨获得的。而基于色域的原因，通过混合 CMYK 四色油墨无法得到某些特殊的颜色，此时便可借助专色通道为图像增加一些特殊混合油墨来辅助印刷。在印刷时，每个专色通道都有一个属于自己的印板。也就是说，当打印一个包含有专色通道的图像时，该通道将被单独打印输出。

要创建专色通道，可执行通道快捷菜单中的"新建专色通道"命令，此时将弹出如图 4-16 所示的"新建专色通道"对话框。用户可通过该对话框设置通道名称、油墨颜色和油墨密度。

"密度"设置只是用来在屏幕上显示模拟打印效果，对实际打印输出并无影响。如果在新建专色通道前制作了选区，则新建专色通道后，系统将在选区内填充专色通道颜色。例如在上述图像中用文字蒙版工具制作"Little Cat"字形选区，如图 4-17 所示，然后单击通道控制面板右上角的 按钮打开快捷菜单，执行"新建专色通道"命令，按图 4-18 设置对话框，设置好后单击"确定"按钮，此时图像和通道控制面板如图 4-19 所示。

图 4-16 新建专色通道对话框

图 4-15 载入 Alpha1 通道保存的选区

图 4-17 制作字形选区

图 4-18　"新专色通道"对话框

图 4-19　新建专色通道后的图像和通道控制面板

建立专色通道后，通道快捷菜单的"合并专色通道"命令将变为可用，执行该命令，可将专色通道合并到各原色通道中。不过，在执行该命令之前，应该将所有的图层合并，否则系统会给出一个是否合并图层的询问对话框，如果单击"确定"按钮，系统会首先合并图像中的所有图层，然后再合并专色通道。对于上面的例子，执行"合并专色通道"命令后，"Little Cat"字样将被真正融合到图像当中，合并专色通道后的通道控制面板如图 4-20 所示。

图 4-20　合并专色通道

此外，还可将一个 Alpha 通道转换为专色通道。为此，只需双击要转换的 Alpha 通道或在选

中该通道后执行通道快捷菜单中的"通道选项"命令弹出如图 4-21 所示的"通道选项"对话框。

图 4-21　通道选项对话框

4.1.2.3　复制和删除通道

在对使用通道的过程中，为了图像处理的需要或者为了防止因为不可恢复的操作使得通道不能还原，往往需要复制通道。

复制通道的方法和复制图层的方法基本相同。首先应选中要复制的通道，然后执行通道快捷菜单中的"复制通道"命令，此时系统将打开如图 4-22 所示的"复制通道"对话框。用户可通过该对话框设置通道的名称，指定通道复制到的文件（默认为通道所在的文件），以及是否将通道内容取反。

也可在通道控制面板中直接将通道拖至 按钮上复制通道，不过，用这种方法复制通道系统将不会给出如图 4-22 所示的对话框，复制的通道名称也是系统默认给出。

每一个通道都将占用一定的系统资源，因此，为了节省文件存储空间和提高图像处理速度，应该将一些不再使用的通道删除掉。为此，可在通道控制面板中选中要删除的通道后，执行通道快捷菜单中的"删除通道"命令或单击通道控制面板中的 按钮，即可将通道删除。

图 4-22　"复制通道"对话框

如果删除了某个原色通道，则通道的色彩模式将变为多通道模式。如图 4-23 所示为删除了蓝色通道后的图像和通道控制面板。在删除原色通

道前，应合并所有图层，否则系统会给出提示。

图 4-23 删除蓝色通道后的图像和通道控制面板

4.1.2.4 分离和合并通道

利用通道快捷菜单中的"分离通道"命令，可将一个图像文件中的各通道分离出来，各自成为一个单独文件。不过，在分离通道之前，应首先将所有图层合并，否则此命令将不可使用。

分离后的各个文件都将以单独的窗口显示在屏幕上，且均为灰度图像，可分别对每个文件进行编辑。

执行通道快捷菜单中的"合并通道"命令可将分离后的通道再次合并。执行该命令将弹出如图 4-24 所示的"合并通道"对话框，可在该对话框中选择合并后图像的色彩模式，并可在"通道"编辑框中输入合并通道的数目，此数目应小于或等于文件分离前拥有的通道数目，但至少应合并两个通道。设置好后单击"确定"按钮，系统将弹出如图 4-25 所示的对话框，供选择要合并的文件，单击"模式"按钮可回到 4-24 所示对话框。

可交叉合并，原文件中的Alpha通道文件也可一起合并。同样，在合并通道前，应合并各单独文件的所有图层。

图 4-24 "合并通道"对话框

图 4-25 选择要合并的文件

4.1.2.5 图像合成

这里主要介绍 Photoshop 提供的两个图像合成命令。

1. "应用图像"命令

执行"图像" | "应用图像"命令，系统将弹出如图 4-26 所示的"应用图像"对话框。

图 4-26 "应用图像"对话框

对话框中各选项的意义如下：

- "源"下拉列表：在该下拉列表中可选择与当前图像合成的源图像文件(默认为当前文件)，只有与当前图像文件具有相同尺寸和分辨率并且已经打开的图像文件才能出现在该下拉列表中。

- "图层"下拉列表：此下拉列表用于选择源图像文件中与当前图像文件进行合成的图层。如果源图像文件有多个图层，列表中会有一个"合并图层"选项，选择该选项表示以源图像中所有图层的合并效果（以当前显示为准）与当前图像进行合成，源图像文件的图层并未真正合并。

- "通道"下拉列表：在此选择源图像中用于合成的通道。
- "目标"文件：指明存放图像合成结果的目标文件，即当前文件，不可更改。
- "混合"下拉列表：指明图像合成的色彩混合模式，默认为正片叠底。
- "不透明度"文本框：设置不透明度。
- "保留透明区域"复选框：若选中该复选框，表示保护透明区域，即只对非透明区域进行合成。若当前层为背景层，则该复选框将不可用。
- "蒙版"复选框：选中该复选框，"应用图像"对话框将变为如图 4-27 所示。用户可从下拉列表中选择一幅图像作为合成图像时的蒙版。

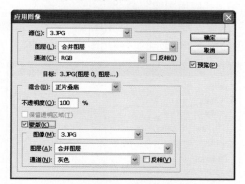

图 4-27　选中"蒙版"后的"应用图像"对话框

应用实例：

（1）打开如图 4-28、图 4-29 所示两幅图像。

图 4-28　素材图像（黄昏）

（2）选择"黄昏"为当前文件，执行"图像"

"应用图像"命令，打开"应用图像"对话框，对话框设置和图像合成后的效果如图 4-30 所示。

图 4-29　素材图像（企鹅）

图 4-30　"应用图像"命令执行结果

其实，"应用图像"命令产生的效果完全可以由手工操作完成，操作也很简单。首先复制"企鹅"图像文件中要合成的图层到"黄昏"图像文件中，此图层应该在"黄昏"文件中其他图层之上，然后在图层控制面板中调整复制图层的色彩混合模式即可。这种方法虽然比直接执行"应用图像"命令稍显麻烦，但却增加了图像编辑的弹性，因为在图层合并之前，随时都可对图层色彩混合模式和不透明度进行调整，而"应用图像"命令执行之后结果是不可更改的。

2. "计算"命令

"计算"命令可以将同一幅图像，或具有相同尺寸和分辨率的两个图像中的两个通道进行合并，并将结果保存到一个新图像或当前图像的新通道中，还可直接将结果转换为选区。

执行"图像"｜"计算"命令将打开"计算"对话框，对话框中各项的意义和应用图像对话框基本相同，不再赘述。图 4-31 显示了对图 4-28和图 4-29 所示的两幅图像的红色通道进行合并的效果和"计算"对话框设置。

图 4-31 "计算"命令执行结果

4.2 通道的应用

图层是 Photoshop 的核心，而通道则是辅助图层完成各种特殊操作的必不可少的助手。在处理图像中经常用到的 Alpha 通道实际存储的是带透明度的选区，近似于为选区设置了羽化半径，不同的是，Alpha 通道如图层一样，具有很强的可编辑性，我们可以对 Alpha 通道进行各种操作（如绘画、变换图像、执行各种滤镜等）来制作具有特殊用途的选区，从而制作各种特殊的效果。

图 4-32 所示为一幅利用 Alpha 通道技术制作的图像，图中人脸的裂缝就是通过在 Alpha 通道中编辑图像，制作调整裂缝不同部位亮度的选区，然后对图像进行曲线和色阶调整得到的。

图 4-33 中的水杯的各个部分有不同的光泽度，这就需要分别对各个部分进行处理。在制作

的过程中，通道中保存了矩形、椭圆形两个基本的选区，再通过载入选区时进行适当的运算，得到杯体各个区域的选区，继而进行光泽度调整。

图 4-32 示例图　　　图 4-33 示例图

利用通道技术巧妙地处理图像属于 Photoshop 比较高级的运用，对于初学者来说，似乎不太容易掌握。其实，通道技术并不像想象的那么复杂，只要理解了通道的基本知识，对照实例多加练习，通道不会是我们学习 Photoshop 的障碍，相反，它将成为我们手中的利器，协助我们将想象变为现实。

接下来学习 4 个实例，它们均涉及到通道的相关知识及其实际应用。相信通过这 4 个实例的学习，通道将不再是难题。

4.2.1 金属圆盘——Alpha 通道保存选区运用

在第 2 章的实例中，已经见到过这个圆盘，当时是把它当作一幅素材图像来使用。现在，读者将看到它的详细制作过程。

这副作品的关键在于制作出两个相连的圆环状选区，它决定了圆盘中的凹陷区域。而这个选区的制作又依赖于 Alpha 通道，因此通多这个实例的学习，读者应该初步了解选区与 Alpha 通道的关系，并了解到通道的一些操作技巧。

103

虽然通道是操作过程的关键，但最终是图层和图像调整技术使一个逼真的金属圆盘展现在我们面前。Photoshop 本身就是一个各种强大功能的集合体，我们只有在对其熟练掌握的基础上，综合运用各项功能，才能充分发挥 Photoshop 的潜能，创作出精彩的作品。

金属圆盘的制作：

（1）执行"文件"｜"新建"命令新建一个 400×400 的 RGB 文档，设置背景色为白色，新建的图像如图 4-34 所示。

（2）为便于以图的中心为圆心画圆，我们打开网格显示，执行"视图"｜"显示"｜"网格"命令显示网格，如图 4-35 所示。然后执行"编辑"｜"首选项"｜"参考线、网格和切片"命令，在弹出的"首选项"对话框中设置网格线间隔为 200 像素，子网格为 20，如图 4-36 所示。

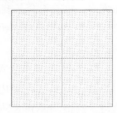

图 4-34　新建图像　　　　图 4-35　显示网格

（3）新建两条参考线。首先执行"视图"｜"标尺"命令显示标尺，然后分别在水平和竖直标尺上单击并拖动鼠标，新建两条参考线，用于定位圆心，如图 4-37 所示。参考线的颜色可在图 4-36 所示的"预置"对话框中更改。

图 4-36　设置网格

（4）选择工具箱中的椭圆形选择工具，按住 Shift+Alt 键，将鼠标移至两参考线的交叉点附近，单击并拖动鼠标，制作如图 4-38 所示圆形选区。（Shift 键的作用是限制选区为圆形，而 Alt 键的作用是自动寻找参考线交叉点为圆心。）

图 4-37　新建参考线

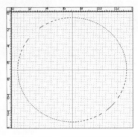

图 4-38　制作圆形选区

（5）执行"选择"｜"存储选区"命令，将打开"存储选区"对话框，按默认设置，直接单击"确定"按钮，系统将把刚才制作的圆形选区存储到 Alpha1 通道当中，此时的通道控制面板如图 4-39 所示。

（6）切换到图层控制面板，并新建"图层 1"。选择工具箱中的油漆桶工具，设置前景为 35% 灰度颜色，将鼠标移至选区内单击，填充选区，结果如图 4-40 所示。

图 4-39　存储圆形选区到 Alpha1 通道

（7）按 Ctrl+D 取消选区，再次选择椭圆形选择工具，按步骤（4）中的方法再制作一个稍微小一些的圆形选区，如图 4-41 所示。

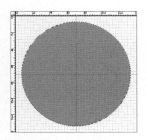

图 4-40 填充选区

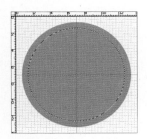

图 4-41 制作圆形选区

（8）执行"选择"｜"存储选区"命令，仍然按默认设置存储选区，此选区将被自动存入 Alpha2 通道中，通道控制面板如图 4-42 所示。

（9）按 Ctrl+D 取消选区，单击 Alpha1 通道，对该通道进行操作，图像窗口如图 4-43 所示。

（10）按住 Ctrl 键单击 Alpha2 通道，载入 Alpha2 通道存储的选区，如图 4-44 所示。

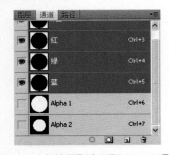

图 4-42 存储圆形选区到 Alpha2 通道

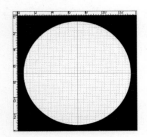

图 4-43 选择 Alpha1 通道

（11）按 D（设置前景色和背景色快捷键）设置前景色为白色、背景色为黑色，然后按 Delete 键删除 Alpha1 通道中选区内的内容，即将该区域变为黑色，并按 Ctrl+D 取消选区，结果如图 4-45 所示（选择油漆桶工具，给选区填充黑色将得到同样的效果）。此时，Alpha1 通道存储的选区就成了一个圆环状。

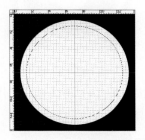

图 4-44 载入 Alpha2 通道存储的选区

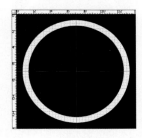

图 4-45 删除选区内内容

（12）Alpha2 通道将不再使用，为节约图像存储空间和提高图像处理速度，应将其删除。为此，在通道控制面板中拖动 Alpha2 通道到 🗑 按钮上，删除该通道。

（13）制作中间的小圆环，此方法和制作大圆环的方法稍有不同。仍然选中 Alpha1 通道为当前操作通道，按步骤（4）中的方法制作如图 4-46 所示的圆形选区。

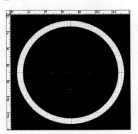

图 4-46 制作圆形选区

（14）选择油漆桶工具，将鼠标移至选区内单击，为选区填充白色（此时前景色为白色），结果如图 4-47 所示。

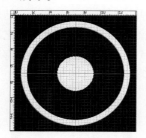

图 4-47 以白色填充选区

（15）按步骤（4）所述方法制作如图 4-48 所示圆形选区。

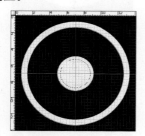

图 4-48 制作圆形选区

（16）按 Delete 键删除选区内内容，结果如图 4-49 所示。此时 Alpha1 通道存储了两个同心圆环的选区。

（17）保存最后制作的小圆形选区到 Alpha2 中，以备后面使用。为此，执行"选择"｜"存储选区"命令，按默认设置存储选区即可。此时的通道控制面板如图 4-50 所示。

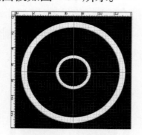

图 4-49 删除选区内内容

（18）制作连接两圆环的部分。按 Ctrl+D 取消选区，然后选择工具箱中的矩形选择工具，在网格的协助下制作如图 4-51 所示选区。

图 4-50 存储选区到 Alpha2 通道

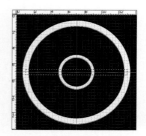

图 4-51 制作矩形选区

（19）用油漆桶工具在选区中单击以白色填充选区，或者按 Alt+Delete 组合键直接以前景色填充，结果如图 4-52 所示。（按 Ctrl+Delete 组合键将以背景色填充选区）

（20）旋转矩形选区。执行"选择"｜"变换选区"命令，在工具属性栏中旋转角度文本框中输入 60，则选区将顺时针旋转 60 ，如图 4-53 所示。

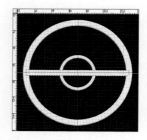

图 4-52 以白色填充选区

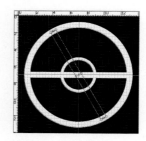

图 4-53 旋转选区

（21）按 Enter 键应用选区变换，然后按 Alt+Delete 组合键以白色填充选区，结果如图 4-54 所示。

图 4-54 以白色填充选区

（22）将选区顺时针旋转 60°，并以白色填充选区，然后按 Ctrl+D 取消选区，结果如图 4-55 所示。

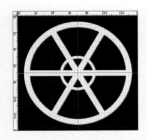

图 4-55 再次旋转并填充选区

（23）现在删除多余部分。按住 Ctrl 键单击 Alpha2 通道，载入 Alpha2 通道内存储的选区，如图 4-56 所示。

图 4-56 载入 Alpha2 通道存储选区

（24）按 Delete 键删除选区内内容，并按 Ctrl+D 取消选区，结果如图 4-57 所示。

（25）删除 Alpha2 通道，并隐藏网格、标尺和参考线，Alpha1 通道的图像如图 4-58 所示。

（26）需要的选区已经制作完成，下面来制作圆盘对应区域的凹陷效果。首先对圆盘作一些

处理，回到图层控制面板，设置"图层 1"为当前图层，并按住 Ctrl 键单击"图层 1"，载入该图层选区，如图 4-59 所示。

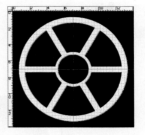

图 4-57 删除选区内内容

图 4-58 隐藏网格、标尺和参考线

（27）为圆盘添加一定的光泽度。选择工具箱中的渐变工具，设置白色到 70%灰度颜色渐变，并在工具属性栏上选择"径向"渐变方式，将鼠标从圆的中心拖动到圆的边缘，渐变结果如图 4-60 所示。

图 4-59 载入选区

图 4-60 制作径向渐变

（28）为增加金属质感，添加一些杂色。执行"滤镜"｜"杂色"｜"添加杂色"命令，为"图层1"添加杂色，"添加杂色"对话框参数设置和执行结果如图4-61所示。

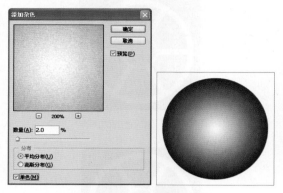

图4-61　"添加杂色"滤镜

（29）切换到通道控制面板，按住 Ctrl 键单击 Alpha1 通道，载入 Alpha1 通道存储的选区，如图4-62所示。

（30）按 Ctrl+J 组合键，复制并粘贴选区内图像，系统会自动新建一图层，新图层中的图像将覆盖原图层中的对应图像，即复制的图像在新图层中位置不会发生相对变化。此时图层控制面板如图4-63所示。

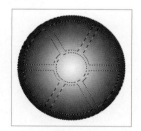

图4-62　载入 Alpha1 通道存储的选区

图4-63　Ctrl+J 复制图层后图层控制面板

（31）双击"图层2"，打开"图层样式"对

话框，为图层2添加图层样式。在"图层样式"对话框中选中"斜面和浮雕"复选框，并在"样式"下拉列表中选择"枕状浮雕"选项，其他参数设置如图4-64所示。

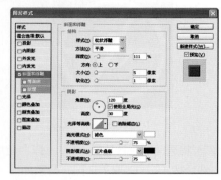

图4-64　添加"斜面和浮雕"图层样式

（32）选中"斜面和浮雕"下面的"等高线"复选框，设置如图4-65所示。

（33）设置好后单击"确定"按钮，结果如图4-66所示。

（34）合并"图层2"和"图层1"为"图层1"，执行"图像"｜"调整"｜"色相/饱和度"命令，调整图像的色相及饱和度，"色相/饱和度"对话框参数设置和最终效果如图4-67和图4-68所示。对话框中必须选中"着色"复选框。

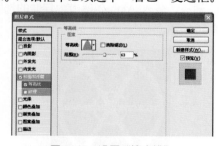

图4-65　设置"等高线"

图4-66　添加图层样式后的效果

图 4-67 "色相/饱和度"对话框

图 4-68 最终效果图

4.2.2 自荐书封面——Alpha 通道的编辑运用

用 Photoshop 可以设计各种简洁实用的封面。封面图案并不需要有太复杂的层次感，最重要的是构图巧妙，能够突出主题，只要在这两点上有所突破，再加上对设计工具的熟练掌握，就一定能设计出令人耳目一新的封面来。这里主要讲解如何利用 Photoshop 来制作一自荐书封面。

在此实例中，重点运用了 Alpha 通道对选区的存储和编辑技术，图中"Confidence"与细线条的组合效果、"自荐书"颜色的反差等就是在通道的协助下完成的。

通过这个实例，读者将会进一步了解通道和选区的关系，并熟练掌握操作通道的快捷键。

自荐书封面的制作：

（1）新建一 400×565 的 RGB 文档，背景设置为透明，如图 4-69 所示。

（2）改"图层 1"为"背景"层，设置背景色为蓝色（R：50，G：50，B：250），按 Ctrl+Delete 键以背景色填充图像，结果如图 4-70 所示。

（3）用工具箱中的钢笔等工具绘制如图 4-71 所示路径（路径的操作将在路径一章中介绍）。

（4）将路径转换为选区，如图 4-72 所示。

（5）执行"选择" | "反选"命令反转选区，并执行"选择" | "存储选区"命令将选区存储到 Alpha1 通道，如图 4-73 所示。

图 4-69 新建图像　　图 4-70 以蓝色填充背景

图 4-71 绘制路径　　图 4-72 将路径转换为选区

（6）取消选区，执行"滤镜" | "渲染" | "光照效果"命令，在对话框中"光源类型"下拉列表中选择"全光源"选项，使背景的颜色亮度稍微有所变化，"光照效果"对话框参数设置和执行结果如图 4-74 所示。

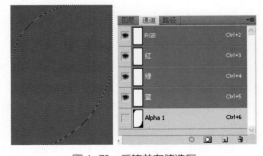

图 4-73 反转并存储选区

（7）载入 Alpha1 通道存储的选区，新建"图层 1"，设置前景色为 R：250，G：190，B：150，按 Alt+Delete 键以前景色填充选区，结果如图

4-75 所示。

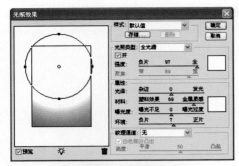

图 4-74 为背景添加"光照效果"

（8）取消选区，同样执行"滤镜"｜"渲染"｜"光照效果"为"图层 1"添加全光源，结果如图 4-76 所示。

（9）用横排文字蒙版工具 ![T] 制作"Confidence"字样选区，并将该选区存储到 Alpha2 通道中，如图 4-77 所示。

图 4-75 填充选区　　图 4-76 添加"光照效果"

（10）新建"图层 2"，按 Ctrl+Delete 键以背景色（蓝色）填充选区，此时图像和图层控制面板如图 4-78 所示。

（11）切换到通道控制面板，按住 Ctrl+Alt 键单击 Alpha1 通道，从当前选区中剪掉 Alpha1

通道的选区，结果如图 4-79 所示。

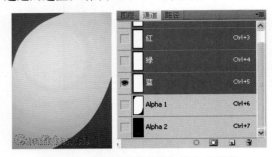

图 4-77 制作选区并存储为 Alpha2 通道

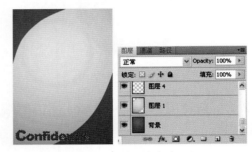

图 4-78 填充文字选区

（12）按 Alt+Delete 键以前景色填充选区，如图 4-80 所示。

（13）先后选择单行和单列选择工具，制作如图 4-81 所示选区，注意制作第二个选区时按住 Shift 键，才能将两选区叠加，然后将选区存储为 Alpha3 通道。

图 4-79 剪掉 Alpha1　　图 4-80 以前景色
　　通道的选区　　　　　　填充选区

（14）按住 Ctrl+Shift+Alt 键单击 Alpha1 通道，当前选区与 Alpha1 通道的选区求交，得到如图 4-82 所示新选区。

（15）设置"图层 2"为当前图层，按 Delete 键删除选区内内容，取消选区，如图 4-83 所示。

图 4-81　制作选区　图 4-82　与 Alpha1 通道选区求交

（16）按住 Ctrl 键单击 Alpha3 通道载入选区，然后按住 Ctrl+Alt 键单击 Alpha1 通道，再选择矩形选择工具，按住 Alt 键拖动鼠标剪掉左上部分选区，结果如图 4-84 所示。

图 4-83　删除选区内容　　图 4-84　制作选区

（17）新建"图层 3"，并置于"图层 2"之下，按 Alt+Delete 填充选区，然后按住 Ctrl+Shift+Alt 键单击 Alpha2 通道，结果如图 4-85 所示。

（18）设置"图层 2"为当前图层，按 Ctrl+Delete 填充选区，结果如图 4-86 所示。

图 4-85　制作选区　　　图 4-86　填充选区

（19）载入 Alpha3 通道选区，用矩形选择工具（按住 Alt 键）剪掉文字以下部分选区，如图 4-87 所示。

（20）设置"图层 1"为当前图层，按 Delete 删除选区内内容，取消选区，如图 4-88 所示。

（21）用单行和单列选择工具制作如图 4-89 所示选区。

（22）执行"选择"｜"存储选区"命令将刚才制作的选区存储为 Alpha4 通道，在通道控制面板中选中 Alpha4 通道，Alpha4 通道的图像如图 4-90 所示。

图 4-87　制作选区　　　　图 4-88　删除图层 1 的
　　　　　　　　　　　　　　　　　　选区内容

（23）用椭圆形选择工具制作如图 4-91 所示选区。

（24）执行"编辑"｜"描边"命令，以 1 个像素的白色描边选区，结果如图 4-92 所示。

图 4-89　制作选区　　　图 4-90　Alpha4 通道图像

图 4-91　制作椭圆形选区　　　图 4-92　描边选区

（25）选择矩形选择工具，选取出要删掉的区域，按 Delete 键删除，如图 4-93 所示。

图 4-93　删除区域　　图 4-94　Alpha4 通道最后结果

（26）按步骤（25）的方法逐步删除区域，结果如图 4-94 所示。

（27）载入 Alpha4 通道选区，设置"图层 2"为当前图层，按 Delete 删除选区内内容。然后按住 Ctrl+Alt 键单击 Alpha4 通道减去字形选区，再设置"图层 1"为当前图层，按 Delete 键删除选区内内容，取消选区，此时图像及图层控制面板如图 4-95 所示。

（28）用横排文字蒙版工具 T 输入"自荐书"，建立选区如图 4-96 所示。

（29）新建"图层 4"，执行"编辑"｜"填充"命令填充白色，取消选区，结果如图 4-97 所示。

图 4-95　删除"图层 1"选区内内容

（30）用魔术棒工具选取如图 4-98 所示选区。

（31）按住 Ctrl+Shift+Alt 键单击 Alpha1 通道，并按 Ctrl+Delete 填充选区，结果如图 4-99 所示。（在此之前，用颜色拾取器将选区"自荐书"附近的颜色设为前景色和背景色）。

（32）用魔术棒工具选取如图 4-100 所示部

分，并按 Alt+Delete 填充选区。

图 4-96　用文字蒙版工具　　图 4-97　填充选区
制作选区

图 4-98　魔术棒工具制作选区　　图 4-99　填充选区

（33）选择横排文字蒙版工具，在"自荐书"的下方输入学校名称，如图 4-101 所示。

（34）新建"图层 5"，用蓝色对选区描边，并双击该图层，为图层添加"投影"图层样式，如图 4-102 所示。

图 4-100　填充选区　　图 4-101　用文字蒙版工具制作选区

（35）用矩形选择工具制作如图 4-103 所示条状选区。

（36）新建"图层 6"，选择渐变工具，在工具属性栏上设置背景色到前景色的渐变，并选择"对称"渐变方式，从中间往两侧拖动鼠标制作渐变效果，如图 4-104 所示。

图 4-102 描边选区并
添加"投影"图层样式

图 4-103 制作条状选区

（37）紧接着用文字工具在图中输入学校的英文名字、自荐人的姓名、专业、学位和电话等，图 4-105 所示。

图 4-104 制作渐变条

图 4-105 文字工具输入文字

（38）在画面的右上角制作"V"字样，代表 victory，右下角的横线上输入电子邮件地址，起到平衡画面的作用。自荐书封面的最终效果如图 4-106 所示。

图 4-106 最终效果图

4.2.3 WOX 系列广告之———Alpha 通道的高级应用

我们来设计一幅广告作品。

假设"WOX"为一老牌名酒品牌，知名度较高，我们设计此广告以进一步加深该品牌在受众心目中的印象。构思大概如下，抓住酒"历久弥香"这一特性，把时间概念加入到作品当中，向受众传达这样一种信息：WOX 历史悠久，我们值得您信赖。

本作品的关键是如何将时间与品牌本身融合到一起。笔者将"WOX"字样刻到了雕刻有古埃及法老半身像的石头上，这样就把古埃及——时间——WOX 联系了起来，比较巧妙地向受众传达了所要表达的时间信息。

作品中的石头表面纹理、法老的半身像和"WOX"字样都是通过 Photoshop 一步步制作完成的，通过这个实例，读者应该掌握利用通道技术表现纹理光泽度的方法，这是通道比较高级的应用。

具体制作过程：

（1）新建一 800×600 的 RGB 图像，文件名为"WOX"，背景设置为透明，如图 4-107 所示。

图 4-107 新建图像

（2）制作石头纹理，设置前景色为 R：199，

G：178，B：153，按 Alt+Delete 填充图像，如图
4-108 所示。

（3）按 Ctrl+A 全选图像，并按 Ctrl+C 复制，
切换到通道控制面板，新建通道 Alpha1，按 Ctrl+V
粘贴刚才复制的图像，结果如图 4-109 所示。

图 4-108 填充图像

图 4-109 复制图像到 Alpha1 通道

（4）执行"滤镜"｜"杂色"｜"添加杂色"
命令，"添加杂色"对话框的参数设置如图 4-110
所示。

图 4-110 设置"添加杂色"对话框

（5）回到图层控制面板，执行"滤镜"｜"渲
染"｜"光照效果"命令，在弹出的对话框的"纹
理通道"下拉列表中选择 Alpha1 通道，"光源类
型"选择"点光"，"光照效果"对话框参数设

置和执行结果如图 4-111 所示，石头纹理已显现
出来。

（6）打开如图 4-112 所示的带有法老半身像
的素材图像。

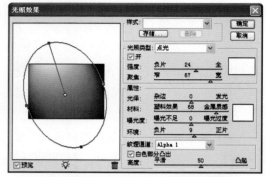

图 4-111 通过 Alpha1 通道制作石头纹理

（7）按住 Ctrl+Alt 键拖动图像到主图
（"WOX"图像文件）中，即复制图像到主图中，
系统将自动创建"图层 2"，执行"编辑"｜"自
由变换"命令适当调整图像大小，并将其移至左
侧位置，如图 4-113 所示。

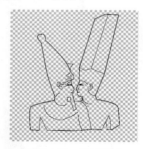

图 4-112 素材图像

（8）在石头表面上制作法老头像的雕刻效
果。按住 Ctrl 键单击"图层 2"，载入选区，并
执行"选择"｜"存储选区"命令将选区存储为
Alpha2 通道，Alpha2 通道的图像及此时通道控制

面板如图 4-114 所示。"图层 2"已不再使用，将其删除。

图 4-113 复制并变换图像

图 4-114 存储选区为 Alpha2 通道

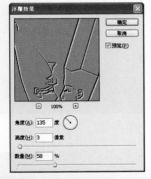

图 4-115 "浮雕效果"滤镜

（9）执行"滤镜"｜"风格化"｜"浮雕效果"命令，为 Alpha2 通道制作浮雕效果，"浮雕效果"对话框参数设置和执行结果这只如图 4-115 所示。

（10）现在要制作雕刻效果的暗部和亮部两个调整选区，为此，首先复制 Alpha2 通道，得到 Alpha2 副本通道，通道控制面板如图 4-116 所示。

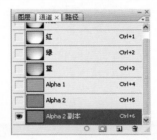

图 4-116 通道控制面板

（11）先制作亮部选区，选中 Alpha2 副本通道，执行"图像"｜"调整"｜"色阶"命令打开"色阶"对话框，选择其中的黑色吸管在图像的灰色部分单击，结果如图 4-117 所示。图中的白色部分就为我们需要的亮部选区。

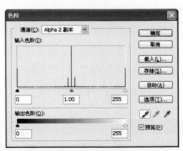

图 4-117 "色阶"调整制作亮部选区

（12）制作暗部选区，选中 Alpha2 通道，同样执行"图像"｜"调整"｜"色阶"命令打开"色阶"对话框，这回选择其中的白色吸管在图像中的灰色部分单击，结果如图 4-118 所示。

（13）需要将图 4-118 所示的图像反相才能得到暗部选区，为此，执行"图像"｜"调整"｜"反相"命令将图像反相，结果如图 4-119 所示。图中的白色部分就为我们需要的暗部选区。

图 4-118 "色阶"调整

图 4-119 "反相"得到暗部选区

（14）按住 Ctrl 键单击 Alpha2 通道载入暗部选区，回到图层控制面板，设置"图层 1"为当前图层，然后执行"图像"｜"调整"｜"亮度/对比度"命令，降低选区内图像的亮度，如图 4-120所示。

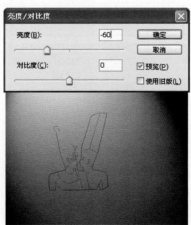

图 4-120 调整暗部选区内容

（15）按住 Ctrl 键单击 Alpha2 副本通道载入

亮部选区，仍然执行"图像"｜"调整"｜"亮度/对比度"命令，增加选区内图像的亮度，结果如图 4-121 所示。此时，石头表面已出现了法老半身像的雕刻效果。

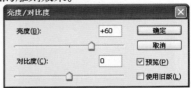

图 4-121 调整亮部选区内容

（16）制作"WOX"雕刻效果。用横排文字蒙版工具输入"WOX"字样，得到如图 4-122 所示选区。

（17）执行"选择"｜"变换选区"命令，变换选区如图 4-123 所示。

图 4-122 制作文字选区

图 4-123 变换选区

（18）切换到通道控制面板，新建通道

Alpha3，执行"编辑" | "描边"命令，以 2 个像素宽度的白色描边选区，然后取消选区，Alpha3通道的图像和通道控制面板如图 4-124 所示。

图 4-124　Alpha3 通道图像及通道控制面板

（19）按步骤（9）～（13）所述方法进行操作，制作出文字雕刻的暗部和亮部选区，此时通道控制面板如图 4-125 所示。

图 4-125　通道控制面板

（20）载入 Alpha3 通道选区（暗部选区），设置"图层 1"为当前图层，执行"图像" | "调整" | "亮度/对比度"命令降低选区内图像的亮度，如图 4-126 所示。

（21）载入 Alpha3 副本通道选区（亮部选区），执行"图像" | "调整" | "亮度/对比度"命令增加选区内图像的亮度，结果如图 4-127 所示。此时文字雕刻也出现在了石头表面上。

（22）半身像与文字的雕刻效果已经完成，接下来我们来制作一些石头表面的划痕和腐蚀效果。打开如图 4-128 所示的底纹素材图像，并将其复制。

图 4-126　调整暗部选区内容

图 4-127　调整亮部选区内容

图 4-128　底纹素材图像

（23）回到主图中，新建 Alpha4 通道，粘贴底纹图像，如图 4-129 所示。

（24）执行"图像"｜"调整"｜"反相"命令，反转图像，并以黑色填充边缘部分，结果如图 4-130 所示。

图 4-129 粘贴底纹到 Alpha4 通道

图 4-130 图像反相

（25）按前述步骤（方法完全相同，不再赘述）制作划痕和腐蚀的暗部和亮部选区，然后分别载入暗部和亮部选区，调整图像的亮度，使石头产生划痕和腐蚀效果，结果如图 4-131 所示。

图 4-131 产生划痕和腐蚀效果

（26）选择套索工具，在工具属性栏上设置羽化半径为 10 个像素，制作出如图 4-132 所示选区，并按 Ctrl+C 复制选区内图像。

（27）按 Ctrl+V 粘贴图像，系统自动新建"图层 2"，图层控制面板如图 4-133 所示。

（28）设置前景色为 R：166，G：124，B：82，新建"图层 3"，按 Alt+Delete 以前景色填

充图像，并将"图层 3"拖至"图层 2"之下，如图 4-134 所示。

图 4-132 用套索工具制作选区并复制图像

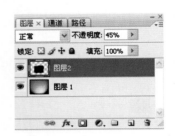

图 4-133 图层控制面板

（29）执行"滤镜"｜"渲染"｜"光照效果"命令按默认设置（点光、Alpha1 纹理通道）为"图层 3"添加光照效果，如图 4-135 所示。

图 4-134 新建并填充图层 3

（30）制作石头质感。设置"图层 2"为当前层，执行"图像"｜"调整"｜"曲线"命令调整图像使其稍微变暗，双击"图层 2"为其添加

"斜面和浮雕"和"投影"图层样式，然后执行"编辑"│"自由变换"命令变换图像大小，并将其移至图的中下位置，如图 4-136 所示。

图 4-135 添加光照效果

图 4-136 调整图层 2

（31）最后用文字工具输入如图 4-137 所示字样，并为上面的"WOX"添加"投影"图层样式，整幅作品就算完成了。

图 4-137 最终效果图

4.2.4 WOX 系列广告之二——通道与图层的综合应用

这副作品也是为"WOX"品牌而设计的，和上幅作品不同，这里用准确的数字（1804）来表示"WOX"品牌的创始年代，同样体现"WOX"老牌酒的悠久历史，显得更加直接。

这副作品的设计综合运用了通道、图层、滤镜等技术，通道和滤镜的组合制作出纹理和文字挖空后的逼真效果，而图层的应用则使整幅作品体现出较强的层次感，使图像看起来更加和谐。

通过这个实例，读者应该进一步了解利用通道制作纹理和表现光泽度的方法，并复习图层的相关内容，如调整图层等。

实例的制作：

（1）新建一 500×500 的 RGB 文档，背景设置为透明，如图 4-138 所示。

（2）设置前景色为 R：117，G：76，B：36，并按 Alt+Delete 填充图像，如图 4-139 所示。

（3）选择文字工具，在工具属性栏上设置字体为黑色，字体大小 24，逐行输入"WOX"字样，如图 4-140 所示。

图 4-138 新建图像　　　　图 4-139 填充图像

图 4-140 逐行输入"WOX"

（4）执行"编辑"│"自由变换"命令，将文字逆时针旋转一定的角度，并改变文字图层的不透明度为 15%，结果如图 4-141 所示。

（5）为把文字融入到背景纹理当中，执行"图层" | "栅格化" | "图层"命令将文字图层转换为普通图层，然后按 Ctrl+E 向下合并，合并图层前后的图层控制面板如图 4-142 所示。

图 4-141　调整文字层不透明度为 15%

（6）切换到通道控制面板，新建 Alpha1 通道，按 D 键设置前景色和背景色为白色和黑色，然后执行"滤镜" | "渲染" | "云彩"命令，执行结果和通道控制面板如图 4-143 所示。

图 4-142　合并图层前后的图层控制面板

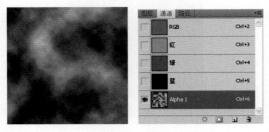

图 4-143　在 Alpha1 通道执行云彩命令

（7）执行"滤镜" | "杂色" | "添加杂色"

命令为 Alpha1 通道添加杂色，对话框设置如图 4-144 所示。

（8）回到图层控制面板，执行"滤镜" | "渲染" | "光照效果"命令打开"光照效果"对话框，为"图层 1"添加光照效果，"光源类型"选择"全光源"，"纹理通道"选择 Alpha1 通道，其他参数设置和执行结果如图 4-145 所示。

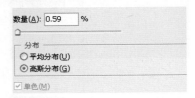

图 4-144　"添加杂色"对话框参数设置

（9）复制"图层 1"为"背景"层，然后用文字蒙版工具制作如图 4-146 所示"1804"选区。

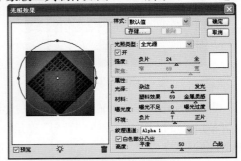

图 4-145　为图层 1 添加光照效果

图 4-146　用文字蒙版工具制作选区

（10）执行"选择"｜"存储选区"命令将选区存储为 Alpha2 通道，并复制 Alpha2 通道得到 Alpha2 副本通道，此时通道控制面板如图 4-147 所示。

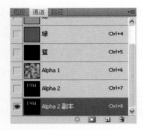

图 4-147 存储选区为 Alpha2 通道并复制该通道

（11）对 Alpha2 副本通道进行操作，执行"滤镜"｜"风格化"｜"浮雕效果"命令，参数设置和执行结果如图 4-148 所示。

图 4-148 "浮雕效果"滤镜

（12）为制作亮部与暗部选区，复制 Alpha2 副本通道为 Alpha2 副本 2 通道，然后执行"图像"｜"调整"｜"色阶"命令，打开"色阶"对话框，选择黑色吸管在图中的灰色部分单击，制作出亮部选区，结果如图 4-149 所示。

（13）选中 Alpha2 副本通道，执行"图像"｜"调整"｜"色阶"命令，打开"色阶"对话框，选择白色吸管在图中的灰色部分单击，单击对话框的确定按钮后按 Ctrl+I 反相图像，制作出暗部选区，结果如图 4-150 所示。

图 4-149 制作亮部选区

图 4-150 制作暗部选区

（14）回到图层控制面板，设置"背景"层为当前图层，单击下面的 ⬤ 按钮，在打开的菜单中选择"亮度/对比度"命令，创建一调整图层，适当增加背景层的亮度，此时图层控制面板如图 4-151 所示。

（15）设置"图层 1"为当前层，载入 Alpha2 通道选区，按 Delete 键删除选区内容，结果如图 4-152 所示。

图 4-151 创建调整图层

（16）载入暗部选区（Alpha 副本通道），执行"图像"｜"调整"｜"曲线"命令，调暗选区图像，"曲线"对话框和执行结果如图 4-153

所示。

（17）载入亮部选区（Alpha2 副本 2 通道），执行"图像"｜"调整"｜"曲线"命令，调亮选区图像，"曲线"对话框和执行结果如图 4-154 所示。

图 4-152　删除选区内内容

图 4-153　"曲线"调整暗部

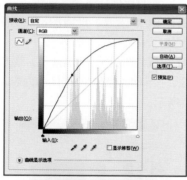

图 4-154　"曲线"调整亮部

（18）双击"图层 1"，打开"图层样式"对话框，为图层添加"投影"图层样式，"投影"参数设置和执行结果如图 4-155 所示。

（19）用文字蒙版工具制作如图 4-156 所示"WOX"字样选区，并存储为 Alpha3 通道。

（20）新建"图层 2"，执行"编辑"｜"描边"命令，在"描边"对话框中设置颜色为黑色，描边宽度为 2 个像素，不透明度为 60%。结果如图 4-157 所示。

（21）拖动"图层 2"置于"图层 1"之下，此时图像和图层控制面板如图 4-158 所示。

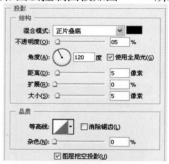

图 4-155　添加"投影"图层样式

图 4-156　用文字蒙版工具制作选区

（22）载入 Alpha3 通道选区，设置"背景"层为当前图层，单击图层控制面板下方的 ⬭ 按钮，选择"色相/饱和度"命令，在打开的对话框中调整图像的色相及饱和度，单击"确定"按钮，创建一调整图层。"色相/饱和度"对话框和此时的图层控制面板如图 4-159 所示。

图 4-157　填充选区

图 4-158　调整图层顺序

图 4-159　创建色相/饱和度调整图层

（23）调整效果如图 4-160 所示。

（24）设置背景层为当前图层，选择移动工具将图像向左上方移动一定距离，最终效果如图 4-161 所示。

图 4-160　调整色相/饱和度后的图像

图 4-161　最终效果图

4.3　动手练练

- "光照效果"滤镜和通道综合应用可制作出立体效果的图像，如图 4-162 所示。

图 4-162　"光照效果"滤镜和通道综合应用

操作步骤如下：

（1）编辑 Alpha1 通道如图 4.2.1 中图 4-58 所示，执行"滤镜"|"模糊"|"高斯模糊"命令。

（2）新建图层，进行填充操作，颜色自定。

（3）执行"滤镜"|"渲染"|"光照效果"命令，纹理选择 Alpha1 通道，结果如图 4-162 所示。

- 利用通道体现色彩

（1）打开如图 4-163 所示的素材 1，按 Ctrl+A
全选图像，按 Ctrl+C 复制。

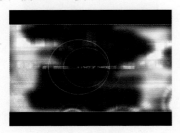

图 4-163　素材 1

（2）打开如图 4-164 所示的素材 2，在通道
控制面板中选中绿色通道，按 Ctrl+V 粘贴，结果
如图 4-165 所示。

图 4-164　素材 2

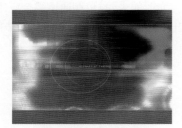

图 4-165　效果图

提示
读者可尝试将不同通道中的图像复制并粘贴到别的图像的不同通道中，看看各种组合效果。

第5章 路径——随心所欲的画笔

【本章主要内容】

利用 Photoshop 提供的路径功能，用户可以绘制直线、曲线或各种 Photoshop 自带的路径形状，并对其进行调整。本章主要介绍路径及形状工具的用法，并举相关实例介绍其在实际当中的应用，最后提供题目供读者练习。

【本章学习重点】

- 钢笔及路径选择工具
- 路径
- 路径运用

5.1 路径概述

当用户需要绘制某一特定形状的图形时，路径显得非常有用。利用路径工具，不仅可以任意绘制任意形状的路径，并且可以对其进行调整，如改变局部形状、增加或减少锚点、随意改变曲线的弧度等，使得绘制的路径满足各种要求。然后用户可以描边、填充路径，或者将路径转换为选区，再对图像进行编辑。路径的绝大部分操作都要在路径控制面板的协助下才能完成，因此，首先介绍一下路径控制面板。

5.1.1 路径控制面板介绍

执行"窗口"｜"路径"命令显示路径控制面板，路径控制面板默认和图层、通道控制面板放在一个面板组中。路径控制面板如图 5-1 所示。

图 5-1 路径控制面板

路径控制面板也比较简单，主要分为列表区、按钮组和快捷菜单 3 个部分。

1. 列表区

列表区列出当前图像中所有的路径层，并显示了各个路径的缩略图和名称，如图 5-2 所示。

图 5-2 路径控制面板

和图层列表和通道列表一样，路径列表区中以高亮蓝底显示的路径层为当前路径层，不同的是，各个路径层是完全独立的，没有图层的层次关系，也没有颜色通道的混合关系，这和 Alpha 通道相似。

2. 按钮组

在路径控制面板的下方有一排按钮组，各按钮的意义如下：

- ● 按钮：单击该按钮，将以前景色填充当前图层被路径所包围的区域，若图像中制作有选区，将填充选区和路径的交集区域。
- ● 按钮：单击该按钮将以当前选定工具及其设置对路径进行描边。
- ● 按钮：单击该按钮可将当前路径转为选区。

-  按钮：单击该按钮可将当前选区转换为路径。
- 按钮：单击该按钮可创建新路径。
- 按钮：单击该按钮可删除当前选中路径，拖动路径层到该按钮上也可删除对应路径。

新建路径…
复制路径…
删除路径

建立工作路径…

建立选区…
填充路径…
描边路径…

剪贴路径…

调板选项…

图5-3　路径快捷菜单

3．路径快捷菜单

单击路径控制面板右上角的 按钮，将弹出如图 5-3 所示的快捷菜单，选择其中的菜单项，可执行路径的相关操作。

5.1.2　路径工具介绍

路径控制面板只为用户提供了路径操作的平台，而对路径的大部分操作，如路径的创建、变形等都要依靠路径工具来完成。下面对与路径相关的工具做一简单介绍。

从 Photoshop6.0 开始，与路径的创建、编辑和选择相关的工具均被集中到了工具箱的两个工具组中，如图5-4所示。

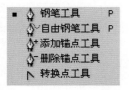
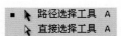

■　钢笔工具　　　P
　　自由钢笔工具　P
　　添加锚点工具
　　删除锚点工具
　　转换点工具

■　路径选择工具　A
　　直接选择工具　A

图5-4　路径工具

各工具的功能如下：

- 钢笔工具：用于绘制由多点连接的线段或曲线。
- 自由钢笔工具：用于随手绘制曲线。
- 添加锚点工具：用于在当前路径上增加锚点。
- 删除锚点：用于删除当前路径中的锚点。

- 转换点工具：用于将直线锚点转换为曲线锚点，从而进行曲线调整，或将曲线锚点转换为直线锚点。
- 路径选择工具：用于选择或移动整条路径。
- 直接选择工具：用于选择路径或移动部分锚点位置。

此外，利用工具箱中的另一工具组（形状工具）可以非常方便地创建特定形状的路径。如图 5-5 所示就为形状工具组。

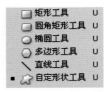

□　矩形工具　　　　U
□　圆角矩形工具　　U
○　椭圆工具　　　　U
○　多边形工具　　　U
\　直线工具　　　　U
■　自定形状工具　　U

图5-5　形状工具组

5.1.3　路径的关键操作

5.1.3.1　创建路径

在 Photoshop 中绘制路径时，如果当前没有选中路径，则所绘制的路径将被暂时存放在"工作路径"中，如图 5-6 所示。

图5-6　创建"工作路径"

"工作路径"只起暂时保存路径的作用，如果用户在路径控制面板列表区的空白处单击，即关闭"工作路径"，然后再次绘制路径，则原"工作路径"的内容将被新路径所取代，如图 5-7 所示。

因此，为了保护绘制的路径，应将"工作路径"保存起来。为此，单击路径控制面板右上角的 按钮打开快捷菜单，执行其中的"存储路径"命令，将弹出如图 5-8 所示的"存储路径"对话框，在对话框中设置路径名称，然后单击"确定"

按钮，此时路径控制面板将如图 5-9 所示。

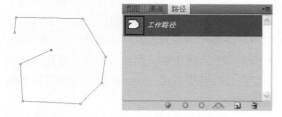

图 5-7 "工作路径"中的路径被新路径取代

提示
双击"工作路径"也可弹出"存储路径"对话框，从而保存路径，如果双击保存过的路径，系统将不会弹出存储路径对话框，只是允许用户更改路径名称；在路径控制面板中拖动"工作路径"层到![]按钮上也可保存路径，只不过用这种方法存储路径，系统将自动按顺序为路径命名，第一个为"路径1"，第二个为"路径2"，以此类推。

图 5-8 "存储路径"对话框

图 5-9 保存路径后的路径列表

任何时候如果想创建一个新的路径，可直接单击路径控制面板中的![]按钮，系统将创建一新的空白路径层，并给出默认名称，创建一新的路径后的路径控制面板如图 5-10 所示。

图 5-10 创建新路径

创建"路径 2"后，就可在此路径层中绘制新的路径，由于路径层的独立性，新路径不会破坏原路径，如图 5-11 所示。

图 5-11 在新路径层中绘制路径

5.1.3.2 编辑路径

1．路径的绘制

钢笔是基本的路径绘制工具，接下来主要讲解如何用钢笔绘制路径。选择工具箱中的钢笔工具![]，工具属性栏将如图 5-12 所示。

图 5-12 钢笔工具属性栏

单击工具属性栏中的![]按钮表示创建路径，单击![]按钮表示创建形状图层，单击![]按钮表示以前景色填充路径区域，此按钮将在选择形状工具时变为有效。按下![]按钮后就可以用钢笔工具绘制路径了。

首先将鼠标在图像窗口中单击，设定路径起始锚点，然后将鼠标移动一定的位置后单击，设置第二个锚点，系统会自动在起始锚点和第二个锚点之间绘制一直线，再次移动鼠标并单击，设置第三个锚点，系统会在第二个锚点和第三个锚点之间绘制一直线，以此类推，可用钢笔工具绘制出任意多边形路径。图 5-13 所示为用钢笔工具绘制直线路径示意图。

利用钢笔工具也可绘制曲线路径。在单击鼠标设置锚点时，按住左键不放并拖动鼠标（鼠标变为![]形状）就可绘制曲线路径，如图 5-14 所示。

用钢笔工具可以绘制封闭路径，也可以绘制非封闭路径。当路径未封闭时，系统将自动在路径起点与中点之间创建一条虚拟直线，从而形成封闭区域，如图 5-15 所示。

钢笔工具属性栏中的"自动添加/删除"复选

框，用于设置是否能够在使用钢笔工具绘制路径时通过将鼠标移至路径线条位置或锚点位置，然后单击来自动增加或删除锚点。选中该复选框后，将鼠标移至路径上没有锚点的位置，钢笔的右下方将出现一小"+"符号，此时单击鼠标将在此位置增加一个锚点，如图 5-16 所示；若将鼠标移至路径的锚点上，钢笔的右下方将出现一小"-"符号，此时单击鼠标可将此锚点从路径中删除掉，如图 5-17 所示。

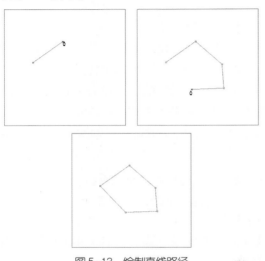

图 5-13　绘制直线路径

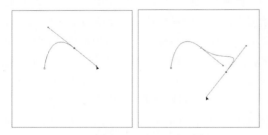

图 5-14　用钢笔工具绘制曲线路径

图 5-15　绘制非封闭路径

绘制了第一条路径后，该路径定义了当前路

径层中的有效路径区（即路径控制面板中路径缩略图的白色区域）。而一个路径层中可以有若干条子路径，每条子路径都有自己的路径有效区，用户可以通过在工具属性栏中单击 工具组中的适当按钮来设置当前绘制子路径和前面所绘路径的运算方式，从而获得当前路径层中的有效路径区。

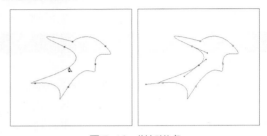

图 5-16　增加锚点

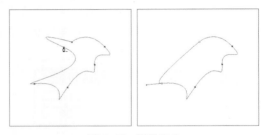

图 5-17　删除锚点

举一个简单实例来说明四种运算方式的用法，在"工作路径"层中绘制有一未封闭的曲线路径，图像窗口及路径控制面板如图 5-18 所示。

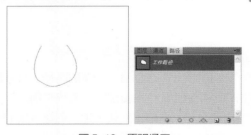

图 5-18　原路径区

用钢笔工具绘制如图 5-19 所示的封闭的四方边子路径，然后分别按下四种运算方式按钮，将得到"工作路径"层的四种不同的有效路径区。4 个运算方式按钮的意义简述如下：

- 　按钮：表示将子路径所包含的区域加入到原路径区中，如图 5-20 所示。

图 5-19　绘制四方形子路径

图 5-20　路径区相加

- □按钮：表示从当前路径区中减去子路径所包含的区域，如图 5-21 所示。
- □按钮：表示将子路径区和原路径区求交，如图 5-22 所示。

图 5-21　路径区相减　　　图 5-22　路径区相交

- □按钮：表示首先将子路径区和原路径区相加，然后减去子路径区与原路径区的交集，如图 5-23 所示。

图 5-23　路径区反转

还可以选择工具箱中的自由钢笔工具 或直接单击钢笔工具属性栏中的 按钮，使用自由钢笔工具来绘制路径。使用自由钢笔工具，用户可以将路径绘制为任意形状的曲线。选择该工具后，在图像窗口单击设定路径起点，按住鼠标左键不放并拖动即可绘制曲线路径。

选择自由钢笔工具后，工具属性栏上将出现一"磁性的"复选框，选中该复选框，自由钢笔工具将变为磁性钢笔工具，其特性类似于磁性套索工具。

和选区相比，路径更方便调整，因此，当需要对图像做出精确的选取范围时，通常先利用自由钢笔工具绘制出选取路径，并调整到满足要求后，再将其转换为选区。图 5-24 为一个利用自由钢笔工具制作精确选区的实例。

图 5-24　利用自由钢笔工具制作精确选区

2．路径的调整

用钢笔工具绘制的路径形状往往不能满足要求，这就需要对其进行调整。而路径的形状是由锚点控制的，因此，通过编辑锚点，如改变锚点的性质、增加或删除锚点、移动锚点位置等，即可改变路径的形状，如图 5-25 所示。

从图 5-25 中可以看出，在某些锚点的两侧有两个调整杆。将鼠标移至调整杆的端点单击并拖动，可改变调整杆的长度和方向，从而调整路径的形状。

锚点的类型：

- 直线锚点：这类锚点的两侧均为直线。使用钢笔工具 绘制路径时，直接在图像窗口中单击将创建直线锚点。选中转换点工具 ，单击直线锚点并拖动可将其转换为曲线锚点。如图 5-26 所示。

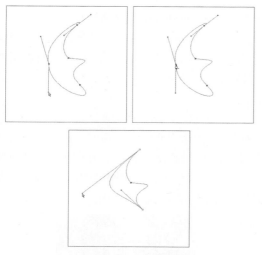

图 5-25 通过编辑锚点调整路径形状

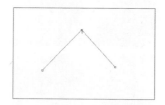

图 5-26 直线锚点

- 曲线锚点：使用钢笔工具 绘制路径时，在图像窗口中单击并拖动鼠标将创建曲线锚点。选中转换点工具 ，单击直线锚点并拖动， 也可得到曲线锚点。曲线锚点的特点是拖动锚点一侧的调整杆时，另一侧的调整杆将相应进行调整，并且两个调整杆始终相对于锚点对称，如图 5-27 所示。用转换点工具 单击曲线锚点可将其转换为直线锚点。

- 贝叶斯锚点：选中转换锚点工具 ，将鼠标移至曲线锚点的调整杆端点单击并拖动，即可将曲线锚点转换为贝叶斯锚点。这类锚点的特点是，在调整锚点一侧的路径形状时，另一侧路径的形状不受影响，如图 5-28 所示。

无论是哪一种锚点，选择直接选择工具 后，将鼠标移至该锚点上单击并拖动，均可移动该锚点的位置，如图 5-29 所示。

由于锚点的编辑非常方便，因此通过编辑锚

点，可以任意改变用钢笔工具绘制的路径的形状，从而得到满意的路径。或者将调整好的路径转换为选区，得到精确的选区范围。

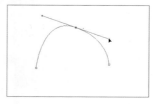

图 5-27 曲线锚点

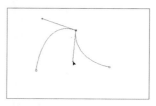

图 5-28 贝叶斯锚点

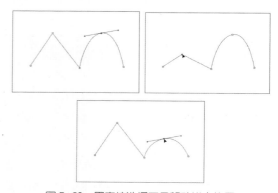

图 5-29 用直接选择工具移动锚点位置

读者应该熟练掌握对锚点的编辑。

3. 路径的选择与变换

Phoshop 的工具箱中提供了针对路径的两个选择工具，路径选择工具 和直接选择工具 。

路径选择工具 用于选择或移动整条路径，选择该工具后，在路径上的某一部位单击，此时路径显示所有的锚点，而且这些锚点都是实心的，表示路径被选中。如图 5-30 所示。

当路径层中有若干条子路径时，路径选择工具可以选择所有的子路径，也可以只选择其中的部分子路径。若要同时选择多条子路径，只需在选中路径选择工具后，按住 Shift 键单击要选择的路径时即可。或者在图像窗口中路径区域外的空白处单击并拖动鼠标，将要选择的路径全部或部分围在虚线框中，也可实现路径的选择，如图5-31所示。

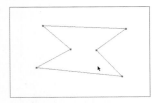

图 5-30　选择整条路径

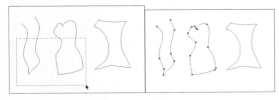

图 5-31　选择子路径

直接选择工具用于选择路径或移动部分锚点位置。选择该工具后，在路径的某个锚点上单击并拖动，即可移动该锚点的位置。若要移动一条路径中的部分锚点，可首先在空白区域单击并拖动鼠标，将需要移动的锚点围在虚线框中，选中这些锚点，然后单击并拖动鼠标就可移动选中的锚点了，如图5-32所示。

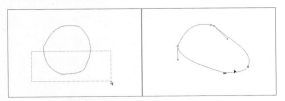

图 5-32　选择并移动部分锚点

在用选择工具选择出部分或整条路径后，可执行"编辑"｜"自由变换"命令对路径进行变换，操作和图像的变换操作一样，如图5-33所示。

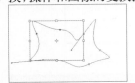 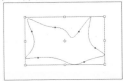

图 5-33　变换路径

提示

选择工具或工具后按住Ctrl键在图像窗口中单击，可在这两种选择工具之间进行切换。

4．复制与删除路径

和图层、通道一样，在路径控制面板中拖动路径（非工作路径）到下方的按钮上，将复制该路径，如图5-34所示。要删除路径，可将路径拖动到面板下方的按钮上。

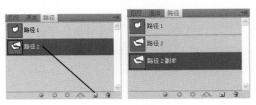

图 5-34　复制路径

在路径区中还可以对子路径进行复制。首先应选中路径选择工具，选中要复制的路径，然后在按住 Alt 键的同时单击并拖动鼠标（此时鼠标的右下角将出现一小"+"符号），即可在同一个路径区中复制出同刚才的子路径相同的子路径，如图5-35所示。

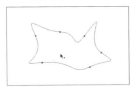 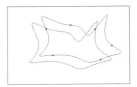

图 5-35　复制子路径

要删除某条子路径，只需在选中该路径后按Delete 键即可。

5．路径的填充与描边

利用路径虽然能够绘制出我们需要的图形，但它只是一个辅助工具，图像当中实际上是看不到路径的。我们只有对路径进行填充、描边，或者将其转换为选区，才能真正发挥路径的作用。

要填充路径，单击路径控制面板右上角的按钮，在弹出的路径快捷菜单中选择"填充路径"，系统将打开如图5-36所示的"填充路径"对话框，在此对话框中可设置填充内容（前景色、背景色或图案等）、不透明度、色彩混合模式、羽化半径，以及是否消除锯齿等。图 5-37 所示为按图

5-36填充路径对话框所示的设置对路径进行填充后的效果。

图5-36 "填充路径"对话框

图5-37 填充路径效果图

要描边路径，执行路径快捷菜单中的"描边路径"命令，系统将弹出如图5-38所示的"描边路径"对话框，在对话框的工具下拉列表中可选择用于描边路径的工具，但没有相关工具的参数设置，因此，在执行描边命令前，首先应选择希望使用的描边工具，然后在其工具属性栏中设置工具的相关参数。我们选择铅笔工具，设置画笔的直径为 5 个像素，不透明度为 100%，前景色设置为红色，然后执行"描边路径"命令，在工具下拉列表中选择铅笔工具，单击"确定"按钮，结果如图5-39所示。

图5-38 描边路径对话框

如果不需要设置填充和描边参数，可直接单击路径控制面板中的填充按钮和描边按钮直接对路径进行填充和描边。

提示
"填充路径"和"描边路径"命令都是针对当

前图层进行的操作。如果选中路径层中的一条子路径，则路径快捷菜单中的该两项将变为"填充子路径"和"描边子路径"，可对选中的子路径进行填充和描边。

图5-39 描边路径效果图

5.1.3.3 路径与选区的相互转换

除了在编辑路径的状态下可对路径进行填充和描边，用户还可将路径转换为选区，以便对图像进行进一步的操作，这是路径功能的重要体现。

在路径层中绘制好路径之后，单击路径控制面板中的按钮，即可将当前路径层中的有效路径区域转换为选区范围，图5-40所示为将路径转换为选区，并对选区进行填充后的效果。

图5-40 将路径区域转换为选区

如果执行路径快捷菜单中的"建立选区"命令，系统将打开如图5-41所示的"建立选区"对话框，用户可利用该对话框设置选区的羽化半径、是否消除锯齿，以及和原有选区的运算关系等。

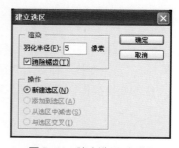

图5-41 建立选区对话框

提示
如果路径未封闭，则在将路径转换为选区时，系统会自动连接该路径的起点和终点，形成封闭区域，从而得到封闭的选区。

由于选区的调整很不方便，特别是不能对局部选区进行调整，因此可以先将选区转换为路径，利用路径工具调整好路径后，再将其转换为选区，从而达到灵活调整选区的目的。要将选区转换为路径，可直接单击路径控制面板中的  按钮，或执行路径快捷菜单中的"建立工作路径"命令，此时系统将打开如图 5-42 所示的"建立工作路径"对话框，用户可在对话框中设置容差值，其数值越小，转换越精确，路径上的锚点也就越多。

图 5-42　"建立工作路径"对话框

5.1.3.4　使用形状工具

虽然路径工具允许用户绘制任意形状的路径，但在很多情况下，用户绘制的路径都是规则的的形状（如矩形、椭圆形等）或者一些特定的形状（如星形、箭头等）。为此，Photoshop CS4 为用户提供了一组形状工具，它们被放置在工具箱中的一个工具组当中，如图 5-43 所示。

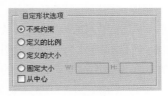

图 5-43　形状工具组

形状工具组中有 5 个基本的形状工具和一个自定义形状工具，其实，它们在钢笔工具属性栏上有对应的按钮，单击任何一个按钮，即可把当前工具转换为形状工具，如图 5-44 所示。

图 5-44　形状工具属性栏

如果选中自定形状工具 ，工具属性栏的中间将出现形状选项，单击可打开如图 5-45 所示的下拉列表框，从中可选择所要绘制路径的形状。单击列表框右上角的 ▶ 按钮将打开一快捷菜单，选择适当的菜单项可改变列表框的显示方式或更改显示的形状内容。

单击自定形状工具 右侧的小"▼"按钮，将打开如图 5-46 所示的"自定形状选项"，通过此对话框可设置形状工具绘制路径的相关属性，由于各选项的意义很明显，不再赘述。

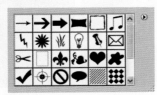

图 5-45　自定形状下拉列表框

当按下形状工具属性栏左侧的 按钮（创建形状图层）时，工具属性栏的右侧将出现样式和颜色选项，通过这两个选项可设置所创建形状图层的样式和填充颜色。

图 5-46　自定形状选项

来看一个创建形状图层的例子。

（1）选中自定形状工具 ，单击形状下拉列表框右上角的 ▶ 按钮打开快捷菜单，选择"动物"，系统将弹出如图 5-47 所示的提示对话框，单击"确定"按钮，此时形状下拉列表框将如图 5-48 所示。

图 5-47　提示对话框

（2）选择形状下拉列表框中的"猫"形状，按下工具属性栏中的 按钮，设置前景色为蓝色。

（3）在图像窗口中拖动鼠标绘制"猫"形状路径，系统将创建一带矢量蒙版的形状图层，并以前景色填充该层，此时的图像窗口和图层控制面板如图 5-49 所示。

图 5-48　自定形状（动物）下拉列表框

图 5-49　创建"猫"形状图层

（4）在工具属性栏中设置样式为 样式，图像窗口和图层控制面板如图 5-50 所示。

创建形状图层后，如果想修改矢量蒙版透明区域的形状，可选择路径工具调整透明区域对应的路径，方法和调整用钢笔工具绘制的路径完全

相同。若在选中形状工具的情况下按下工具属性栏中的 按钮，表示此时用户可创建路径，和使用路径工具编辑路径的方法基本相同，只不过此时绘制的是具有特定形状的路径。使用形状工具绘制路径如图 5-51 所示。

图 5-50　应用图层样式后的形状图层

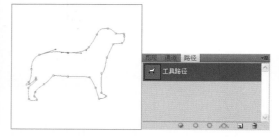

图 5-51　使用形状工具创建路径

图 5-52　形状工具属性栏

若按下工具属性栏中的 按钮，表示仅对当前图层以前景色填充使用形状工具绘制的区域，既不创建形状图层，也不创建路径，此时的工具属性栏将如图 5-52 所示。

在属性栏上可设置填充的色彩模式、不透明度和是否消除锯齿等。图 5-53 所示为设置不透明度分别为 100%和 50%的填充效果。

在 Photoshop CS4 中，可以将文字图层转换为形状图层，然后利用路径工具调整文字的形状制作一些特殊效果。

图 5-54 所示为一文字图层，执行"图层" |

"文字" | "转换为形状"命令，可将文字图层转换为形状图层，结果如图 5-55 所示。

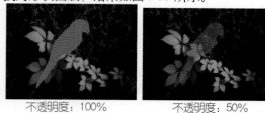

不透明度：100%　　　　不透明度：50%

图 5-53　填充形状区域

选中工具箱中的直接选择工具 ，选择"U"和"F"的一个锚点，并移动其位置，如图 5-56

所示。再用右击快捷键菜单调整形状曲线，如图 5-57 所示。

图 5-54 文字图层

图 5-55 将文字图层转换为形状图层

图 5-56 拖动锚点

图 5-57 调整形状曲线

5.2 路径的应用

路径是在用 Photoshop 处理图像特别是进行图像创作时经常用到的一项功能。利用 Photoshop 提供的路径工具，可以很方便地编辑路径，绘制我们需要的各种图形。掌握好路径工具，再加上较强的美术功底，Photoshop 就完全成了你手中随心所欲的画笔，任你绘制精彩的作品。

图 5-58 所示的超酷界面中的弧形装饰部分的外形就是用路径工具绘制的。如果没有路径工具非常方便的路径形状调整功能，很难想象利用 Photoshop 能够把这样的形状制作得如此完美。

图 5-58 示例图

图 5-59 所示为利用路径制作的胶片图像，其中胶片的曲线就是用钢笔等路径工具绘制的，然后将路径转换为选区，进行颜色填充。作品中也大量用到了通道技术，存储并制作出不同的选区，作为填充区域，并用于调整胶片的光泽度。

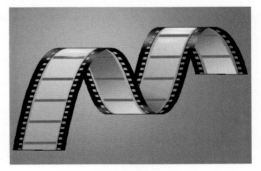

图 5-59 示例图

下面看看 3 个路径应用的实例。通过实践操作，熟悉路径的功能和用法。

5.2.1　制作实用的自定义画笔——钢笔工具运用

　　在处理图像的过程中，可能想给图像添加一些闪亮的星状图形，以点缀、丰富图像，达到特殊的效果。上图中各种形状和不同大小的星形就是用自定义画笔添加到图像当中去的。

　　这个实例主要讲解如何编辑钢笔工具绘制的路径，得到不同的路径形状，然后通过进一步操作定义为画笔。

　　通过这个实例，读者应该掌握的是一种方法，更重要的是根据需要，发挥自己的想象力，制作出更多实用的画笔或图案，为自己的作品画龙点睛。

　　我们一起来看看星形画笔的制作过程。

　　（1）新建一200×200的灰度图像，背景设置为白色，如图5-60所示。

　　（2）执行"视图"｜"显示"｜"网格"命令显示网格，并执行"编辑"｜"预置"｜"参考线、网格和切片"命令打开"预置"对话框设置网格线间隔为100像素，子网格数为15，如图5-61所示。

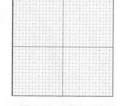

图5-60　新建图像　　　图5-61　显示网格

　　（3）选中工具箱中的钢笔工具，绘制十字星形路径，路径和路径控制面面板如图5-62所示。

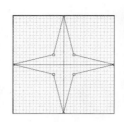

图5-62　用钢笔工具绘制十字星形路径

　　（4）选中直接选择工具，拖动中间四个锚点，使其更加靠近中心，如图5-63所示。

　　（5）按Ctrl+'键隐藏网格，在路径控制面板中单击按钮，将路径转换为选区，如图5-64所示。

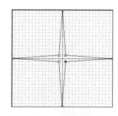
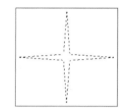

图5-63　移动锚点　　图5-64　将路径转换为选区

　　（6）回到图层控制面板，新建"图层1"，选中渐变工具，设置黑色到白色渐变，并选择"径向"渐变方式，用鼠标从图像中心到边缘拖动制作渐变，如图5-65所示。

　　（7）取消选区，隐藏背景图层，如图5-66所示。

　　（8）执行"图像"｜"图像大小"命令，在打开的"图像大小"对话框中将图像调整为80×80像素大小。图像大小对话框如图5-67所示。

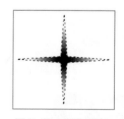
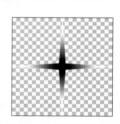

图5-65　制作渐变　　图5-66　隐藏背景图层

　　（9）执行"编辑"｜"定义画笔"命令，系统将打开如图5-68所示的"定义画笔"对话框，在对话框中输入"十字星"，然后单击"确定"

按钮，画笔定义完成。

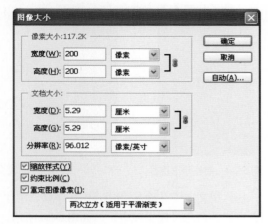

图 5-67　调整图像大小

图 5-68　"定义画笔"对话框

（10）打开如图 5-69 所示的素材图像。

（11）选中工具箱中的画笔工具 ，在工具属性栏上选择刚才定义的"十字星"画笔，设置前景色为白色，然后将鼠标在图像的不同位置单击，效果如图 5-70 所示。

（12）若在步骤（4）中将中间的四个锚点移至更加靠近中心，并将不同大小的图像定义为画笔，会得到不同的效果。图 5-71 所示为使用不同的自定义画笔绘制的图像。

图 5-69　素材图像

接下来再来定义两个画笔。

（13）回到步骤（4），选中路径选择工具 ，在十字星上单击选择整条路径。然后执行"编辑"｜"自由变换"命令，将路径旋转 45 度，如图 5-72 所示。后面的操作就和前述完全相同，定义一个"×"形状画笔。

图 5-70　用自定义星形画笔绘制效果

（14）回到步骤（4），用路径选择工具 选中整条路径，按 Ctrl+C 复制路径，并按 Ctrl+V 粘贴，执行"编辑"｜"自由变换"命令，将粘贴的路径旋转 45º，并将其缩小，如图 5-73 所示（注意：在工具属性栏上要按下 按钮）。后面的操作也和前述完全相同，定义一个两个十字交叉的画笔。

图 5-71　使用不同的自定义画笔绘制的图像

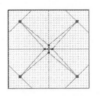　

图 5-72　变换路径　　　图 5-73　复制并变换路径

图 5-74　利用新定义画笔绘制图像

（15）利用刚才定义的两个画笔绘制图像，如图 5-74 所示。

5.2.2 MUSIC——形状工具应用

无论从构图还是从操作技巧来说，这都是一幅比较简单的作品。

音乐是这幅作品的主题，用显眼的文字和符号来突出其分量。

操作简单完全是相对的，如果没有 Photoshop 提供的方便的形状工具，恐怕图中音乐符号的制作就会相当麻烦。因此，正确地使用形状工具，会给我们的创作带来许多便利。

让我们来看看这副作品是如何制作的吧。

（1）新建一 320×450 的 RGB 图像，背景透明，如图 5-75 所示。

（2）设置背景色为 R：210，G：11，B：11，按 Ctrl+Delete 填充图像，结果如图 5-76 所示。

（3）选中矩形工具 ▭，在工具属性栏上按下 按钮，制作如图 5-77 所示矩形路径。

（4）选中添加锚点工具 ，在矩形路径上添加一锚点，并用直接选择工具 调整路径形状如图 5-78 所示。

图 5-75　新建图像　　　图 5-76　填充图像

（5）设置前景色为黑色，新建"图层 2"（新建图像时若设置背景透明，则系统默认创建"图

层 1"），单击路径控制面板中的 按钮，填充路径，结果如图 5-79 所示。

图 5-77　制作矩形路径　　图 5-78　调整路径形状

（6）用文字工具输入"MUSIC"字样，字体颜色设置为白色（便于观察），如图 5-80 所示。

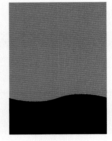

图 5-79　填充路径　　　图 5-80　输入文字

（7）栅格化文字图层，并载入该层文字选区。选择渐变工具，设置白色到背景色渐变，在选区内从上往下拖动鼠标，渐变结果如图 5-81 所示。

（8）选中自定形状工具 ，单击自定形状下拉列表框右上角的 按钮，选择"音乐"，载入音乐符号形状。然后在列表框中选择 ♪，并按下工具属性栏左侧的 按钮（以前景色填充路径区域），新建"图层 3"，将鼠标在图中拖动绘制音乐符号，如图 5-82 所示。

图 5-81　制作渐变　　　图 5-82　使用形状工具绘制
音乐符号

（9）先后在"图层 3"之下新建"图层 4"和"图层 5"，并按上述方法绘制一大一小两个音乐符号，结果如图 5-83 所示。

图 5-83　使用形状工具绘制一大一小音乐符号

（10）新建"图层 6"，位于"图层 3"与"图层 4"之间。载入"图层 3"选区，填充白色。然后分别对"图层 3"和"图层 6"执行"滤镜"｜"风格化"｜"风"命令，执行结果和对话框参数设置如图 5-84 所示。

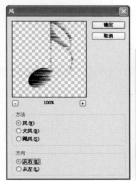

图 5-84　执行"风"滤镜命令

（11）调整"图层 4"和"图层 5"的不透明度为 75% 和 55%，此时的图像窗口和图层控制面板如图 5-85 所示。

图 5-85　调整不透明度后的图像窗口和图层控制面板

（12）用文字工具在图像上方输入"enjoy

music & yourself"字样，最终效果如图 5-86 所示。

图 5-86　最终效果图

5.2.3　竹子——路径与图层的综合应用

　　Photoshop 是功能非常强大的图像处理软件，它不仅可以处理各种形式的素材图像，制作出各种不同的效果，也可以进行绘画创作。

　　这幅"竹子"就是用 Photoshop 原创的，制作过程中没有用到任何素材，是一幅原汁原味的 Photoshop 绘画作品。

　　作品的制作综合运用路径和图层技术，利用路径绘制出竹筒和竹叶的形状，而图层的运用则体现出竹子和竹叶的层次感。通过这个实例，读者应该掌握路径的变形、填充和描边等操作，并复习图层的相关知识（如运用层组），学会如何体现图像的层次感。实例中也用到了部分滤镜命令，读者应该注意其作用。

　　让我们进入竹子的制作。

　　（1）新建一 800×600 的 RGB 图像，设置背景色为白色，如图 5-87 所示。

　　首先用路径来制作竹筒的形状。

（2）用矩形工具□绘制如图 5-88 所示矩形路径，在绘制路径时，应在工具属性栏上按下□按钮。

图 5-87　新建图像

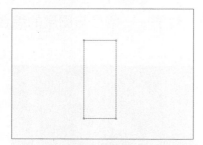

图 5-88　用矩形工具绘制矩形路径

（3）选中转换点工具▷，转换矩形路径左上角的直线锚点为曲线锚点，并拖动调整杆调整该锚点两侧的路径如图 5-89 所示。

（4）继续调整其他 3 个锚点，结果如图 5-90 所示。一个竹筒的形状已基本显现出来，接下来要对其进行复制和调整，制作出其他稍有不同的竹筒形状。

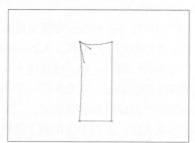

图 5-89　调整左上角锚点

（5）选中路径选择工具▶，在路径上单击，选中整条路径，执行"编辑"｜"自由变换"命令，适当缩小路径，如图 5-91 所示。

（6）按 Enter 键应用变换。在选中路径的情

况下，按 Ctrl+C 复制路径，然后按 Ctrl+V 粘贴路径，并将粘贴的路径移至原路径上方，如图 5-92 所示。

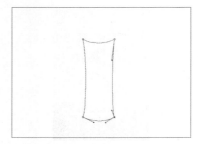

图 5-90　调整其余锚点

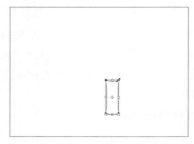

图 5-91　变换路径

（7）将图像放大到 200%，观察两个竹筒的关节处，如图 5-93 所示。关节的形状不够逼真，应进行一定的调整。

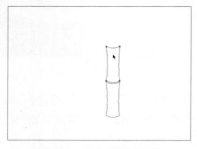

图 5-92　复制并移动路径

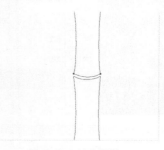

图 5-93　放大图像

（8）用直接选择工具 调整关节形状，如图 5-94 所示。

（9）用路径选择工具选中这两个竹筒路径，并在按住 Alt 键的同时拖动鼠标，复制得到另两个竹筒路径，将其移至原路径的上方。然后选中所有竹筒路径，调整其位置，如图 5-95 所示。

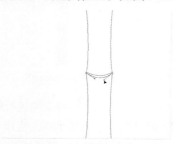

图 5-94　调整竹关节形状

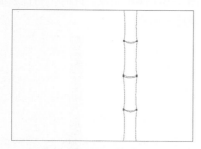

图 5-95　复制并移动路径

（10）用直接选择工具适当调整中间关节的形状，如图 5-96 所示。

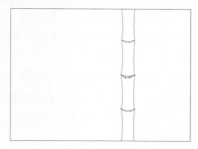

图 5-96　调整竹关节形状

（11）竹子的形状到此已基本制作完成，路径暂时存储在"工作路径"当中，应将其保存。在路径控制面板中双击"工作路径"，在弹出的对话框中输入"竹筒路径"字样，保存前后的路径控制面板如图 5-97 所示。

（12）为竹子着色。在路径控制面板中单击

按钮，将路径转换为选区，如图 5-98 所示。

图 5-97　保存"工作路径"前后的路径控制面板

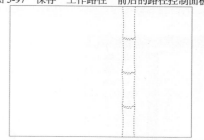

图 5-98　将路径转换为选区

（13）选中工具箱中的渐变工具，在工具属性栏中设置如图 5-99 所示颜色渐变条。

图 5-99　设置颜色渐变条

这里，我们假设光源在右方。

（14）新建"图层 1"，在选区范围内从左至右拖动鼠标，为竹筒填充渐变颜色，此时图像窗口和图层控制面板如图 5-100 所示。

（15）按 Ctrl+D 取消选区，执行"滤镜"｜"杂色"｜"添加杂色"命令为竹筒表面添加杂色效果，"添加杂色"对话框和执行结果如图 5-101 所示。

一般来说，竹筒表面的颜色深度不可能相同，竹关节部分颜色应该深一些，而竹筒中间部

分颜色应该浅一些。据此，我们对竹筒颜色做相应的调整。

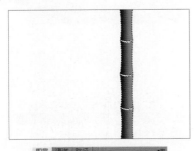

图 5-100　填充渐变后的图像窗口和图层控制面板

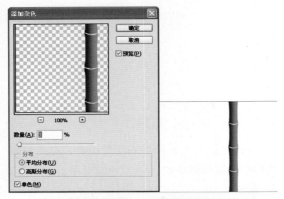

图 5-101　为竹筒表面添加杂色

（16）选择工具箱中的加深工具 ，在工具属性栏上选择合适的画笔半径和曝光度（曝光度数值越大，颜色加深越厉害），将鼠标在竹关节处涂抹，如图 5-102 所示。

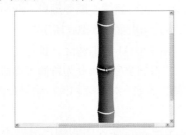

图 5-102　用加深工具加深竹关节颜色

（17）调整的过程中应不断改变画笔大小和曝光度，使得竹关节和竹筒之间的颜色有一个过渡，加深颜色后的效果如图 5-103 所示。

图 5-103　加深后的效果

（18）选择减淡工具 对图像进行修正，同样，在修正的过程中，也要不断改变画笔的大小和曝光度（曝光度数值越大，颜色减淡越厉害），得到如图 5-104 所示图像。此时，竹筒表面的效果看起来比较逼真。

图 5-104　用减淡工具修正后的图像

（19）执行"图像"｜"调整"｜"色相/饱和度"命令，调整竹筒的色相及饱和度，使其颜色看起来更加逼真。"色相/饱和度"对话框和调整结果如图 5-105 所示。

（21）为竹筒填充光泽渐变，增加其立体感。为此，选择渐变工具，在工具属性栏中设置颜色渐变条如图 5-106 所示，并选择对称渐变方式，不透明度设为 25%。

（22）将"图层 1"改名为"竹筒层 1"，复制"竹筒层 1"为"筒层 1 副本"。按住 Ctrl 键单击竹"筒层 1"，载入竹筒选区，如图 5-107 所示。

（23）设置竹"筒层 1"为当前层，将鼠标移至竹筒上偏右侧，单击并向左（右）拖动一小段距离，随即松开鼠标。取消选区，结果如图 5-108

所示。

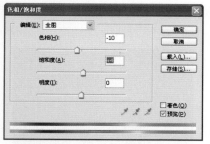

图 5-105 "色相/饱和度"调整

图 5-106 设置颜色渐变条

图 5-107 载入竹筒选区

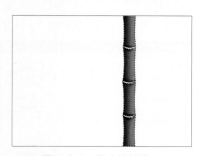

图 5-108 制作渐变

此时竹筒已基本制作完成，但它只包括图中的绿色部分，并不包括各竹筒之间的白色关节，

因此还需做如下处理。

（24）链接背景层和"竹筒层 1"，按 Ctrl+E 合并链接图层，合并前后的图层控制面板如图 5-109 所示。

图 5-109 合并图层前后的图层控制面板

（25）设置"背景"层为当前图层，按住 Ctrl 键单击"竹筒层 1 副本"，载入选区，如图 5-110 所示。

（26）选择套索工具，按住 Shift 键选择白色关节部分，得到竹子选区（包括竹筒和竹关节），如图 5-111 所示。

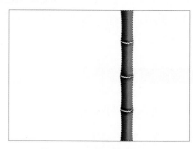

图 5-110 载入竹筒选区

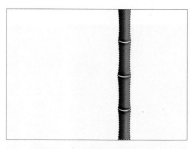

图 5-111 选出竹子区域

143

（27）按 Ctrl+J 组合键复制并粘贴选区内容，系统将自动创建一粘贴图层，将该图层改名为"竹子层 1"，新建"图层 1"，填充黑色，调整各图层顺序。此时图像窗口和图层控制面板如图 5-112 所示。"竹简层 1 副本"和"背景"层已不再使用，应将其删除掉。

图 5-112　调整图层顺序后的图像窗口和图层控制面板

（28）竹子阴暗面（左侧）不够暗。为此，选择渐变工具，在工具属性栏中设置颜色渐变条如图 5-113 所示，选择"线性"渐变方式，不透明度设为 60%。

图 5-113　设置颜色渐变条

（29）设置"竹子层 1"为当前图层，并载入该层选区，将鼠标从竹子的左侧拖动至竹子的右侧制作渐变，取消选区，结果如图 5-114 所示。

图 5-114　渐变反映竹子的阴暗面

（30）竹子关节左侧的白色部分应该再暗些，选择加深工具 ，涂抹该部分，结果如图 5-115 所示。此时竹子的明暗度比较符合实际情况。

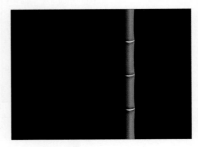

图 5-115　加深竹关节左侧部分

竹子的制作到这里告一段落，接下来的工作是要利用这一根竹子复制出若干根竹子，反映出每根竹子的差别，并制作出一定的层次感。首先来处理前面的几根竹子。

（31）复制"竹子层 1"为"竹子层 2"，用加深和减淡工具为"竹子层 2"增加一些纹路。对"竹子层 2"执行"编辑"｜"自由变换"命令，旋转一定的角度，然后执行"图像"｜"调整"｜"色相/饱和度"命令调整色相及饱和度，"色相/饱和度"对话框和调整如图 5-116 所示。

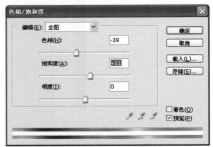

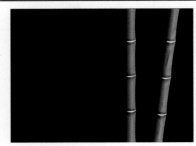

图 5-116　调整"竹子层 2"的色相及饱和度

（32）为"竹子层 2"添加图层蒙版，选择渐变工具，设置黑色到白色渐变，"线性"渐变方式，不透明度为80%，编辑图层蒙版，从右上方向左下方拖动鼠标，制作渐变，此时图像窗口和图层控制面板如图5-117所示。

图 5-117 添加并编辑图层蒙版

接下来制作一根直一些的竹子。

（33）复制"竹子层 1"为"竹子层 3"，按 Ctrl+T 对"竹子层 3"做自由变换，然后选中矩形选择工具，制作如图5-118所示选区。

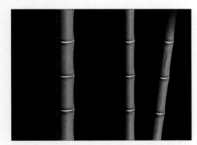

图 5-118 变换"竹子层 3"并制作矩形选区

（34）按 Shift+Ctrl+I 反转选区，并按 Delete 删除选区内内容，取消选区，结果如图5-119所示，得到一根关节并不突出的竹子。

（35）执行"图像"｜"调整"｜"色相/饱和度"命令，调整"竹子层 3"色相及饱和度，"色相/饱和度"对话框和调整结果如图5-120所示。

（36）由于这根竹子稍微靠后，因此用加深工具去除"竹子层 3"的亮光部分，并加深竹筒部分区域，如图5-121所示。

图 5-119 删除反转选区内容

图 5-120 调整"竹子层 3"的色相及饱和度

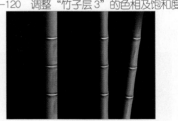

图 5-121 加深工具处理效果

（37）制作竹子表面的黑斑效果。新建图层 2，用画笔工具以黑色在竹筒上绘制如图5-122所示黑色区域。

（38）执行"滤镜"｜"模糊"｜"高斯模糊"命令，"高斯模糊"对话框参数设置和执行结果如图5-123所示。

（39）合并"图层 2"和"竹子层 3"，得到

"竹子层3"。

图 5-122　画笔工具绘制黑色区域

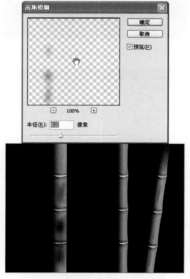

图 5-123　"高斯模糊"滤镜

（40）设置"竹子层3"为当前图层，执行"滤镜"｜"模糊"｜"高斯模糊"命令，半径设为1 个像素，执行结果如图 5-124 所示。

图 5-124　执行"高斯模糊"命令

（41）调整"竹子层3"的不透明度为65%，结果如图 5-125 所似乎。

（42）为"竹子层3"添加图层蒙版，并选择渐变工具在图层蒙版中制作渐变图案，图像窗口

和图层控制面板如图 5-126 所示。

图 5-125　调整"竹子层3"的不透明度

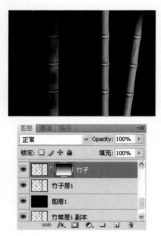

图 5-126　添加并编辑图层蒙版

（43）按步骤（23）所述方法为"竹子层3"添加少许光泽度，渐变不透明度设为 10%，如图 5-127 所示。

图 5-127　为竹子层3添加光泽度

（44）接下来制作左侧角落里的竹子。复制"竹子层1"为"竹子层4"，并按 Ctrl+T 对竹子层4 做自由变换，如图 5-128 所示。

（45）由于竹子位于角落里，将显得较暗。调整"竹子层 4"的色相及饱和度，　"色相/饱

和度"对话框和调整结果如图 5-129 所示。

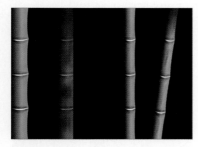

图 5-128 变换"竹子层 4"

（46）执行"滤镜"｜"高斯模糊"命令，打开"高斯模糊"对话框，模糊半径设为 1.2 个像素。

（47）为"竹子层 4"添加图层蒙版，并选择渐变工具在图层蒙版中制作渐变图案，此时图像窗口和图层控制面板如图 5-130 所示。

（48）分别应用"竹子层 2"～"竹子层 4"的三个图层蒙版，在图层蒙版缩略图上右击鼠标，执行快捷菜单中的"应用图层蒙版"命令即可。

接下来制作一根枯掉的竹子。

（49）复制"竹子层 4"为"竹子层 5"，按 Ctrl+T 对"竹子层 5"进行自由变换，顺时针旋转一定的角度，如图 5-131 所示。

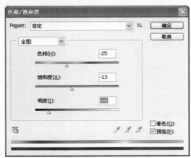

图 5-129 调整"竹子层 4"的色相及饱和度

图 5-130 添加并编辑图层蒙版

图 5-131 自由变换"竹子层 5"

（50）调整"竹子层 5"的色相及饱和度，结果如图 5-132 所示。

（51）按照给"竹子层 3"制作黑斑的方法，给"竹子层 5"添加黑斑，注意将黑斑层和"竹子层 5"合并，结果如图 5-133 所示。

图 5-132 调整"竹子层 5"的色相及饱和度

（52）设置"竹子层 5"为当前图层，执行"滤镜"｜"模糊"｜"高斯模糊"命令，设置模糊半径为 3 个像素，执行结果如图 5-134 所示。

图 5-133　给"竹子层 5"添加黑斑

图 5-134　对"竹子层 5"执行"高斯模糊"命令

（53）由于"竹子层 3"的不透明度为 65%，透过它能看到"竹子层 5"，这不符合实际情况，应将"竹子层 5"中本应该被"竹子层 3"遮住的部分删除掉。为此，载入"竹子层 3"的选区，按 Delete 删除"竹子层 5"的对应内容，结果如图 5-135 所示。

图 5-135　删除"竹子层 5"的部分区域

（54）设置"竹子层 1"为当前图层，按 Ctrl+T 对该层执行自由变换，稍微增加竹子的宽度，如图 5-136 所示。

（55）借助矩形选择工具，剪掉竹子关节中过于突出的部分，方法和步骤（33）、（34）相同。然后按 Ctrl+T，将竹子逆时针旋转一定的角度，如图 5-137 所示。

（56）执行"图像"｜"调整"｜"色相/饱和度"命令，调整"竹子层 1"的色相及饱和度，结果如图 5-138 所示。

图 5-136　自由变换"竹子层 1"

图 5-137　自由变换"竹子层 1"

（57）用加深工具和减淡工具进一步修饰竹子表面，使其表面的颜色深度有一定的变化，如图 5-139 所示。

图 5-138　调整"竹子层 1"的色相及饱和度

图 5-139　加深和减淡工具修饰竹子表面

（58）为"竹子层 1"添加图层蒙版，并对图层蒙版制作渐变（和前述方法相同），编辑图层蒙版后的效果如图 5-140 所示。之后，注意应用图层蒙版。

图 5-140 添加并编辑图层蒙版

（59）反复复制"竹子层 1"和"竹子层 2"，得到"竹子层 6"～"竹子层 10"，对每个图层进行变换，调整竹子的位置及大小，然后调整每个图层的色相及饱和度，并执行"滤镜"｜"模糊"｜"高斯模糊"命令，根据竹子层次的不同设置不同的模糊半径，结果如图 5-141 所示。

（60）在图层控制面板中建立两个图层组（序列 1 和序列 2），竹子层 1～4 放入"序列 1"中，竹子层 5～10 放"序列 2"中，此时图层控制面板如图 5-142 所示。

图 5-141 制作后方的竹子

图 5-142 建立图层组

（61）在竹林中间加一些"雾"的效果，进一步体现层次感。在"序列 1"和"序列 2"之间新建"图层 2"，如图 5-143 所示。

图 5-143 新建图层 2

（62）选择椭圆形选择工具，在工具属性栏中设置羽化半径为 20 个像素，在图中制作如图 5-144 所示选区。

图 5-144 制作椭圆形选区

（63）用白色填充选区，并将"图层 2"的不透明度条为 20%，如图 5-145 所示。

图 5-145 填充选区并调整图层不透明度

（64）取消选区，执行"滤镜"｜"模糊"｜"高斯模糊"命令，设置模糊半径为 43 个像素，执行结果如图 5-146 所示。

竹子的制作已经完成，接下来制作竹叶。

（65）首先绘制枝干路径。在路径控制面板中新建"枝干路径 1"，用钢笔工具绘制路径，图像窗口和路径控制面板如图 5-147 所示。

（66）在路径控制面板中新建"枝干路径 2"，

再用钢笔工具绘制部分枝干,图像窗口和路径控制面板如图 5-148 所示。枝干之所以分两次绘制,是由于光线的不同,使它们的颜色有所差别,因此必须分别予以处理。

图 5-146 执行"高斯模糊"后的效果

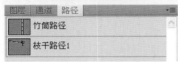

图 5-147 绘制枝干路径

(67) 对路径进行描边,由于描边路径依赖于画笔工具,因此首先设置画笔工具参数。在工具箱中选中铅笔工具,设置画笔直径为 1 个像素,不透明度为 100%,再设置前景色为 R:196,G:223,B:155。

(68) 在图层控制面板中新建"枝干层 1",设置"枝干路径 1"为当前路径,单击路径控制面板中的 ○ 按钮描边路径;新建"枝干层 2",设置"枝干路径 2"为当前路径,再次单击 ○ 按钮描边路径。单击路径控制面板列表区的空白处关闭路径显示,此时图像窗口和图层控制面板如图 5-149 所示。

(69) 回到路径控制面板,设置"枝干路径 2"为当前路径,按住 Ctrl 键并按向上和向左方向键各一次,移动路径。设置前景色为 R:115,G:

115,B:115(55%灰色),"枝干层 2"仍为当前图层,单击路径控制面板中的 ○ 按钮描边路径,结果如图 5-150 所示。

图 5-148 绘制枝干路径

图 5-149 描边枝干路径

图 5-150 移动并描边路径

(70) 双击"枝干层 2",为该层添加"投影"图层样式,结果如图 5-151 所示。合并"枝干层

1"和"枝干层 2"为"枝干层"。

图 5-151 为"枝干层 2"添加"投影"图层样式

（71）现在来制作竹叶。新建"竹叶路径 1"，用钢笔工具绘制如图 5-152 所示路径。

图 5-152 用钢笔工具绘制路径

（72）用转换点工具将左右两个直线锚点转换为曲线锚点，然后用直接选择工具调整路径形状，如图 5-153 所示。

（73）用路径选择工具选中路径，按住 Alt 键拖动复制路径，如图 5-154 所示。

图 5-153 调整路径为竹叶形状

图 5-154 复制路径

（74）按 Ctrl+T 变换路径，将其旋转一定的角度，并调整大小，结果如图 5-155 所示。

图 5-155 变换路径

（75）依此方法可复制出更多的竹叶路径，并可适当调整路径的形状，使竹叶的外形有一定的变化，如图 5-156 所示。

（76）要制作出竹叶的层次感，需要分层绘制竹叶。首先在"竹叶路径 1"中绘制底层竹叶路径，如图 5-157 所示。

（77）新建"竹叶层 1"，位于"枝干层"之下。设置前景色为 R：83，G：110，B：35，单击路径控制面板中的 ● 按钮填充路径，结果如图 5-158 所示。

图 5-156 复制并调整竹叶路径

图 5-157 绘制竹叶路径

（78）新建"竹叶路径2"，绘制如图5-159所示路径。

图5-158　填充竹叶路径

图5-159　绘制竹叶路径

（79）新建"竹叶层2"，位于"枝干层"之上，在路径控制面板中单击 ⬤ 按钮填充路径。双击"竹叶层2"，为该层添加"投影"图层样式，结果如图5-160所示。

图5-160　填充路径并添加"投影"图层样式

（80）制作最上层竹叶。新建"竹叶路径3"，绘制如图5-161所示路径。

（81）新建"竹叶层3"，位于"竹叶层2"之上，在路径控制面板中单击 ⬤ 按钮填充路径。双击"竹叶层3"，为该层添加"投影"图层样式，结果如图5-162所示。

（82）此时的图层控制面板和路径控制面板如图5-163所示。

图5-161　绘制竹叶路径

图5-162　填充路径并添加"投影"图层样式

（83）老一些的竹叶颜色会偏黄，为此，用魔术棒工具分别选择"竹叶层1"、"竹叶层2"和"竹叶层3"中的部分竹叶，执行"图像"｜"调整"｜"色彩平衡"命令，调整色彩平衡，使其颜色发黄。结果如图5-164所示。

图5-163　图层控制面板和路径控制面板

（84）主枝干的颜色过亮，为此，设置"枝

干层"为当前图层;执行"图像"|"调整"|"亮度/对比度"命令,降低其亮度,结果如图 5-165 所示。

图 5-164　调整竹叶颜色

图 5-165　降低枝干的亮度

(85)合并"竹叶层 1"、"竹叶层 2"、"竹叶层 3"和"枝干层"为"竹叶层"。

(86)为"竹叶层"添加图层蒙版,用渐变工具编辑图层蒙版,此时图像窗口和图层控制面板如图 5-166 所示。

图 5-166　添加并编辑图层蒙版

(87)为竹叶表面添加光照和投影效果。新建"图层 3",按 D 设置前景色和背景色分别为黑色和白色,执行"滤镜"|"渲染"|"云彩"命令,结果如图 5-167 所示。

图 5-167　黑白云彩

(88)执行"图像"|"调整"|"自动色阶"命令,调整图像色阶。然后执行"滤镜"|"模糊"|"高斯模糊"命令,模糊半径设置为 3 个像素。结果如图 5-168 所示。

(89)制作不规则光度,执行"滤镜"|"素描"|"铬黄"命令,对话框参数设置和执行结果如图 5-169 所示。

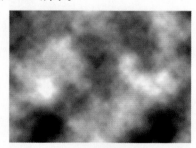

图 5-168　"色阶"调整执行"高斯模糊"命令

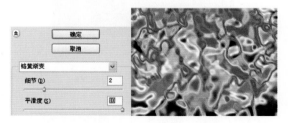

图 5-169　"铬黄"滤镜

(90)在图层控制面板中更改"图层 3"的色彩混合模式为"叠加"模式,如图 5-170 所示。

(91)按住 Ctrl 键单击"竹叶层",载入"竹叶层"选区,按 Shift+Ctrl+I 反转选区,并按 Delete

删除"图层 3"中竹叶选区以外的部分,取消选区,结果如图 5-171 所示。

图 5-170 更改"图层 3"的色彩混合模式为"叠加"

(92)"竹子层 2"对应的竹子颜色和整幅图像不太协调,为此,设置"竹子层 2"为当前图层,执行"图像"|"调整"|"色相/饱和度"命令,稍微调整色相,结果如图 5-172 所示。

图 5-171 删除"图层 3"竹叶以外的部分

图 5-172 调整"竹子层 2"的色相

(93)制作竹叶在竹子上的投影。载入"竹叶层"选区,如图 5-173 所示。

(94)新建"图层 4",以黑色填充选区,然后用移动工具将该层图像向左下方移动一段距离,结果如图 5-174 所示。

(95)执行"滤镜"|"模糊"|"高斯模糊"命令,模糊半径设置为 4.5 个像素,执行结果如图 5-175 所示。

图 5-173 载入竹叶选区

(96)载入"竹子层 1"、"竹子层 3"和"竹子层 4"的选区,如图 5-176 所示。由于应用过图层蒙版,所以以上面似乎被截去了一部分,其实得到的选区也是带有透明度的。

图 5-174 填充并移动黑色阴影

图 5-175 高斯模糊

图 5-176 载入选区

(97)按 Shift+Ctrl+I 反转选区,按 Delete 键删除"图层 4"中对应内容,取消选区,最终效果如图 5-177 所示。

图 5-177　最终效果图

5.2.4　鼠标绘美女——路径、图层、通道与图像编辑工具的综合应用

学完上一节竹子的制作，我们再来尝试用 Photoshop 绘制一幅美女图。这幅作品看起来是否比较逼真呢？要完成它，需要综合运用前面几个章节介绍的知识。

图层还是那么重要，学会在不同图层中绘制各个部分然后把它们组合起来很关键；路径是这个实例中我们制作选区的主要手段，熟练使用钢笔工具、转换点等工具使得选区的调整很方便；通道协助我们存储、制作选区；皮肤的明暗变化全部用加深工具、减淡工具和涂抹工具实现。相信通过这个实例的学习，读者会对加深、减淡等工具有更深刻的认识，同时对图层、通道很路径的操作更加熟练。

让我们来看看这幅美女是怎么画出来的吧。（本实例重点介绍方法，个别步骤的图示就省了）

（1）新建一个 RGB 图像文件，用钢笔工具绘制出头发、皮肤和衣服的路径，新建"头发"、"皮肤"和"衣服"3 个图层，然后分别将头发、皮肤和衣服的路径转换为选区并在相应图层上填充颜色，结果如图 5-178 所示。

图 5-178　绘制轮廓

（2）先来画出脸部的阴影。用工具箱中的加深工具在脸部涂出较暗的部分（假设光是从美女的右前方照射过来的），注意加深工具的"曝光度"不宜过高，控制在 10%以下，画笔的硬度也尽量小些。简单勾勒后的效果如图 5-179 所示。

图 5-179　加深工具画出脸部阴影

（3）用减淡工具画出脸部的高光，同样，减淡工具的"曝光度"不宜过高，控制在 10%以下，画笔的硬度也尽量小些。简单绘制高光后的脸部如图 5-180 所示。

图 5-180　减淡工具绘制高光后的脸部效果

（4）画嘴唇。用钢笔、转换点和路径选择等工具绘制出嘴唇的形状，如图 5-181 所示。

图 5-181　绘制嘴唇路径

（5）将嘴唇路径转换为选区，新建"嘴唇"图层，并填充浅红色，如图 5-182 所示。

图 5-182 填充嘴唇颜色

（6）同样用加深、减淡工具画出嘴唇的高光和阴影，效果如图 5-183 所示。

图 5-183 画出嘴唇的高光和阴影

（7）切换到在"皮肤"图层，在靠近嘴唇边缘的部分用加深工具涂出过渡的阴影，并进一步画出鼻子的形状，如图 5-184 所示。

图 5-184 涂出嘴唇边的阴影

（8）画眼睛，眼睛的制作复杂一些。首先制作出眼睛的路径，新建"眼圈"图层，用黑色画笔描边（宽度为 1 个像素）；再将路径转换为选区，新建"眼白"图层，填充接近于白色的浅色，因为之后要在其上用加深工具，在纯白色上使用加深工具是没有效果的，"眼白"图层位于"眼圈"图层之下，效果如图 5-185 所示。这里最好为每个眼睛建立一个图层组，因为每个眼睛都会

有好几个图层，这样便于管理。

图 5-185 画眼圈和眼白

（9）画眼珠，用椭圆选择工具制作一个圆形选区，新建"眼珠"图层，填充深灰色，如图 5-186 所示。

（10）眼珠中间应该是黑色的瞳孔，因此，再制作一个圆形的选区，填充黑色，如图 5-187 所示。

图 5-186 画眼珠　　　图 5-187 画瞳孔

（11）这样的眼睛太没神采了，我们来添加点反光。先要制作选区，不管用路径工具还是用选择工具或者通道，只要能制作出若干个反光的选区就行，新建"反光"图层，填充白色，并应用"高斯模糊"滤镜使其稍微模糊，结果如图 5-188 所示。

（12）利用"眼圈"图层制作选区删除眼珠位于眼圈外的部分。切换到"眼白"图层，用加深工具涂抹上部边缘，制作出上眼皮的阴影，效果如图 5-189 所示。

（13）制作双眼皮。首先用钢笔工具制作双眼皮的路径，然后选中工具箱中画笔工具，在画笔调板中设置"其他动态"的"渐隐"控制方式，

长度设置为 80，这个根据图像大小而定，如此设置后用画笔描边路径将产生渐隐效果。画笔调板设置和描边路径之后的效果分别如图 5-190 和图 5-191 所示。

图 5-188 制作反光

图 5-189 制作上眼皮阴影

图 5-190 画笔调板

（14）整个眼睛现在就缺眼睫毛了，眼睫毛可以有多种制作方法，如先制作路径再用画笔描边、直接用画笔描绘等。这里采用画笔直接描绘的方法。如上个步骤一样，设置画笔的"渐隐"控制方式，长度设为 10，在工具属性栏上适当降低画笔的不透明度和流量，这里均设为 50%。画好眼睫毛后将"眼圈"图层的不透明度设置为 50%，效果如图 5-192 所示。

（15）切换到"皮肤"图层，用加深工具绘出眼睛周围颜色较深的部分，如图 5-193 所示。

（16）按照同样的方法制作另一只眼睛，另一只眼睛制作好之后的效果如图 5-194 所示。

（17）现在来画眉毛。首先制作出眉毛路径，将其转换为选区，并羽化 2 个像素，如图 5-195 所示。

图 5-191 画笔描边效果

图 5-192 绘制眼睫毛

（18）新建"眉毛"图层，填充棕色，应用"高斯模糊"滤镜和"动感模糊"滤镜，效果如图 5-196 所示。

图 5-193 一只眼睛制作完成

图 5-194 两只眼睛制作完毕

图 5-195 制作眉毛选区

图 5-196 眉毛效果

（19）用同样方法画出另一个眉毛，眉毛制作完成后的效果如图 5-197 所示。

（20）脸部的各个部分基本制作完成，进一步用加深和减淡工具改善脸部的阴影和高光，效果如图 5-198 所示。

（21）用加深、减淡和涂抹工具制作皮肤颈部、胸部和肩部的阴影和高光。制作过程分别如图 5-199～5-202 所示。

图 5-197 眉毛制作完成

图 5-198 改善脸部阴影和高光

图 5-199 绘制颈部　　　　图 5-200 绘制颈部

图 5-201 绘制胸部和肩部　　图 5-202 细化细节

（22）简单制作一下衣服。切换到"衣服"图层，用加深、减淡工具画出阴影和高光，然后应用"添加杂色"滤镜，并用制作路径描边生成肩部的吊带，如图 5-203 所示。

（23）制作吊带阴影。制作吊带阴影的路径，新建"吊带阴影"图层，用黑色描边路径，应用"高斯模糊"滤镜使其变模糊（模糊半径不宜过大），再调整"吊带阴影"图层的不透明度为 40%，效果如图 5-204 所示。

图 5-203 制作衣服　　　图 5-204 制作吊带阴影

（24）制作衣服阴影。复制"衣服"图层并将新图层更名为"衣服阴影"图层，将其置于"衣服"图层之下。应用"高斯模糊"滤镜使其变模糊（模糊半径不宜过大），选中工具箱中的移动工具，按方向键向右和向下各一次，让阴影略微显现即可，此时效果如图 5-205 所示。

图 5-205 制作衣服阴影后的效果

（25）制作头发。头发与皮肤分界处显得很生硬，我们通过处理使其显得更自然。切换到"头发"图层，载入该层选区，以快速模板模式编辑，选择画笔，设置较低的硬度（一般设为 0%），前景色设为黑色，在选区需要自然过渡的边缘涂抹，稍微增加选区范围，并有羽化效果，切换回标准编辑模式，以黑色填充选区。效果如图 5-206

所示。

（26）头发的基本制作方法是使用路径。首先来制作额头上方头发的根部，先用钢笔工具画出如图5-207所示的路径，可画一条再复制其他。

（27）新建图层，以黑色描边路径，如图5-208所示。

图 5-206 处理头发与皮肤的自然过渡

图 5-207 绘制头发路径 　　图 5-208 描边头发路径

（28）为该图层创建图层蒙板，用渐变工具编辑图层蒙板隐去头发在皮肤中不应显示的部分，再用画笔工具仿照画眼睫毛的方法增加头发根部的丰富性。效果如图5-209所示。

（29）用同样方法制作左侧头发路径如图5-210所示。

图 5-209 效果图 　　图 5-210 绘制头发路径

（30）新建图层，描边路径，效果如图5-211所示。

（31）右侧部分头发按照以上方法制作。右胸前的头发可以特殊处理一下，为了做出稍微凌乱的头发效果，路径可以有些变化，如图5-212所示。

图 5-211 描边头发路径 　　图 5-212 绘制头发路径

（32）描边头发路径，并在锁骨处再做一缕头发，并制作头发在皮肤上的阴影（参照步骤24衣服阴影的制作方法），效果如图5-213所示。

图 5-213 效果图

（33）头发基本制作完成，隐去最早的头发图层，可以看到用路径绘制的头发，如图5-214所示。

图 5-214 路径绘制的所有头发效果

（34）载入左侧上部头发的选区，新建图层，填充白色，并利用图层蒙板隐去两端部分，制作头发的反光，如图 5-215 所示。

（35）用路径工具和加深、减淡等工具制作出美女的一个耳朵，如图 5-216 所示。

图 5-215 头发高光　　图 5-216 制作耳朵

（36）适当调整头发反光图层的不透明度，并进一步调整皮肤、眼睛和嘴唇的细节，最终效果如图 5-217 所示，美女图就做完了。

图 5-217 最终效果图

5.3　动手练练

- 用路径工具绘制如图 5-178 所示的枫叶。

图 5-178　手绘枫叶

步骤如下：

（1）用钢笔工具绘制六角星形封闭路径。

（2）使用添加锚点工具添加适当的锚点，并用转换点工具和直接选择工具调整路径形状。

（3）将路径转换为选区，填充血红色。

- 使用形状工具和路径工具绘制如图 5-179 所示的五线谱。

图 5-179　绘制五线谱

提示

选中自定形状工具，单击自定形状下拉列表框右上角的按钮，选择"音乐"选项，载入音乐符号形状。

第6章 动作——Photoshop 自动化

【本章主要内容】

我们在处理图像时，经常需要对某些图像进行相同的处理，可能处理的命令及其先后顺序甚至参数设置都完全一样。为了避免重复操作，Photoshop 提供了动作功能，利用它用户可以简单地完成许多相同的操作。本章主要介绍动作的功能及其相关操作，并附有实例和练习供读者熟悉和掌握动作的使用方法。

【本章学习重点】

- 动作控制面板
- 录制动作
- 执行动作

6.1 动作概述

我们可以象录制磁带一样，将需要反复使用的一系列图像编辑命令录制为一个动作，需要时，播放该动作，就如播放磁带一样简单，我们想要的操作步骤就会自动完成了。那么 Photoshop 是如何完成这一功能的呢？让我们先来来看一看动作的特点。

6.1.1 动作的特点

其实，动作就是可反复使用的一组命令的组合。Photoshop 是通过文件的形式来管理动作的，一个动作文件可以包括若干个动作，而一个动作又可以有若干个图像处理命令，这就是动作文件、动作和命令之间的简单关系。动作文件的扩展名为".atn"。

动作的特点及其用途可以归纳如下：

- 录制命令序列，以供反复使用，使操作自动化。并可将动作保存，以便在处理其他图像文件时运用。
- 录制好的动作，就如磁带一样可以进行后期编辑。如清除、复位、置换、载入、保存等，这样可以随心所欲地设置个性化的操作。
- 画笔、喷枪等绘图工具进行绘图的操作

不能录制下来，处理过程中需要这些操作时，应在动作中设置暂停，等绘图完成，再继续执行下面的命令。

- 对文件进行批处理，这是自动化非常有用的一项功能。如要对一批文件进行模糊处理，通常的步骤是打开文件、模糊操作、保存和关闭，如果每个文件都这样处理将非常耗时。如果使用批处理，我们只需发一次命令就可以将全部图像自动按要求处理完毕，这样就简单多了。

6.1.2 动作控制面板介绍

执行"窗口"｜"动作"命令可显示动作控制面板，如图 6-1 所示。

图 6-1 动作控制面板

动作控制面板各部分的意义如下：

6.1.2.1 列表区

在列表区中以树形结构显示了动作文件、动

作和动作命令及其参数。其中，若名称左侧有 标志，表示这是一个动作文件（如图 6-1 中的"默认动作"），其中可能包含有若干个动作。动作文件的下一级为动作（如图 6-1 中的"装饰图案（选区）"），一个动作是一系列动作命令的集合，其下一级即为动作命令（如图 6-1 中的"建立快照"、"羽化"等）。

通过单击"展开/折叠"按钮 ▷ 可展开或关闭动作文件和动作，就如在资源管理器窗口中分层打开、折叠文件夹中的文件一样简单。和图层等控制面板一样，列表区中以高亮蓝底显示的条目处于活动状态。

6.1.2.2 项目开关标志☑

项目开关可以允许或禁止某一个动作文件、某一个动作或者具体到某一条命令，通过鼠标单击框中的☑就可关掉其对应的选项，再单击就可打开该选项。项目开关遵循自上而下原则，即动作文件的开关可以控制其文件中所有动作的开关，动作的开关可以控制其所录制的所有命令的开关。如单击图中"装饰图案"动作前的☑标记将其去掉，其下"建立快照"、"羽化"等命令前的☑标志都将自动消失，即所有的动作命令都被关闭。如图 6-2 所示。

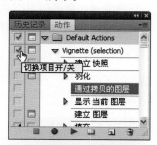

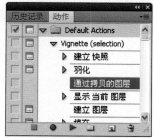

图6-2 关闭"装饰图案"动作

6.1.2.3 对话框开关标志🗔

对话框开关标志🗔出现时表示在执行命令的过程中会弹出对话框供用户设置参数，如果某条命令的该项为空白，表示此条命令将按录制时设置的参数自动执行。如图 6-3 中的"填充"命令前显示了对话框标志🗔，则在动作执行到该命令时会自动打开如图 6-4 所示的"填充"对话框供用户设置填充参数，否则，系统会以默认参数执行该命令，即以白色、不透明度为 100%、色彩混合模式为"正常"填充选区。

图6-3 显示"填充"命令对话框标志

图6-4 "填充"对话框

如果动作文件名称前的对话框开关标志为红色，表示该文件中部分动作包含了暂停操作；如果动作名称前的该标志为红色，表示该动作中部分命令包含了暂停操作；动作命令前的该标志为红色则表示动作执行到该命令时将暂停。

和项目开关标志一样，单击动作文件前的对话框开关标志，可打开/关闭该动作文件中的全部动作及动作所包含的对话框开关标志；单击动作前的对话框开关标志，可打开/关闭该动作中所包含的全部命令的对话框开关标志。

6.1.2.4 动作快捷菜单

单击动作控制面板右上角的▾☰按钮，可打开如图 6-5 所示的动作快捷菜单。

图 6-5 动作快捷菜单

通过执行快捷菜单中的命令，可实现新建、复制、删除、播放动作等操作。

6.1.2.5 按钮组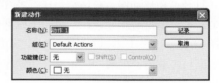

各按钮的意义说明如下：

- ● 按钮："录制动作"按钮。单击该按钮，系统处于录制状态，此时该按钮呈红色。
- ■ 按钮："停止录制"按钮。只有当前正在录制动作时，该按钮才处于可用状态。单击它可以停止当前的录制操作。
- ▶ 按钮："播放动作"按钮。单击该按钮可执行当前选定的动作，或当前动作中从选定命令开始的后续命令。
- □ 按钮："新建动作文件"按钮。单击该按钮可创建新的动作文件。
- ⬚ 按钮："新建动作"按钮。单击该按钮可创建新的动作。
- 🗑 按钮："删除动作"按钮。单击该按钮可删除当前选定的动作文件、动作或动作中的命令。

6.1.3 动作的关键操作

6.1.3.1 录制动作

在录制动作之前，应先新建一个动作文件，以便与 Photoshop 自带的动作文件区分。为此，单击动作控制面板中的 □ 按钮，或执行动作快捷菜单中的"新建组"命令，打开如图 6-6 所示的"新建组"对话框，在对话框中输入新建动作组的名称，单击"确定"按钮，此时的动作控制面板如图 6-7 所示。

图 6-6 新建组对话框

图 6-7 新建"组 1"

然后单击动作控制面板中的"新建动作"按钮 ⬚，或执行动作快捷菜单中的"新建动作"命令，新建一个动作。此时系统会弹出如图 6-8 所示的"新动作"对话框。在对话框中可设置新动作的名称、所属的组（即动作文件）、功能键和颜色的属性。

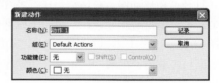

图 6-8 "新动作"对话框。

其中，"组"下拉列表框将列出当前动作控制面板列表区中所有的动作文件，供用户选择新建动作将属于哪一个动作文件；在"功能键"下拉列表框中可选择 F2～F12 的任意一个键值，当作出选择后，其后的 Shift 与 Control 复选框将变为有效，此时可通过选中复选框来设置完整的功能键；"颜色"下拉列表框用于为新建动作定义颜色，定义的颜色要在按钮模式的动作控制面板中才能显示出来。

提示
在定义功能键时，可以直接在键盘上按下想要使用的组合键即可完成定义。如想要使用 Shift+Ctrl+F9 功能键，只需在键盘上按下该组合键，就会在对话框中出现相应的选择结果。

当新动作对话框设置完毕，单击"记录"按

钮，就完成了新动作的建立，并同时开始了新动作的录制。此时动作控制面板如图6-9所示，录制按钮被自动按下，并变为红色，表示当前正在进行动作录制，接下来对图像的一切操作都将被录制到该动作当中。

图6-9 新建动作并开始录制

我们来看一个简单的录制动作实例。

假设我们要对一幅图像进行填充操作，由于这个操作在图像处理过程中要反复使用，因此将其录制下来，以便以后使用。方法如下：

（1）单击动作控制面板中的"新建动作"按钮，打开"新建动作"对话框，在"名称"文本框中输入"填充动作"，在"组"下拉列表框中选择"组1"（在上述建立"组1"和"动作1"的基础上），单击"记录"按钮，开始动作的录制。此时动作控制面板如图6-10所示。

图6-10 新建填充动作并开始录制

（2）执行"编辑"｜"填充"命令，打开"填充"对话框，我们选择方格填充图案，对话框设置如图6-11所示。

（3）填充操作已经完成，单击动作控制面板中的"停止录制"按钮停止录制，在列表区中展开填充命令，此时动作控制面板如图6-12所示。

动作控制面板的列表区显示了"填充"命令

的各种参数，若以后要用到此"填充"命令时，只需在选中"填充动作"的情况下单击"播放动作"按钮即可，系统将按录制动作时设置的填充参数进行填充操作。若在某一步操作中想要改变填充参数，如想改变填充图案，可单击显示填充命令前方的对话框标志，则在单击播放该动作时，系统会自动打开"填充"对话框，供用户进行相关设置。

图6-11 设置"填充"对话框

图6-12 展开"填充"命令

6.1.3.2 修改动作

在一个动作录制好后，如果对动作不满意，还可对其进行修改，如重新录制、增加命令、删除命令等。接下来介绍修改动作的相关操作。

● 重新录制动作

如果希望重新录制动作，可首先选中该动作，然后执行动作快捷菜单中的"再次记录"命令，即可对动作进行重新录制。在重新录制时，仍以原动作的命令为基础，但会打开相应的对话框，让用户重新设定命令参数。

● 在动作中增加命令

在动作中增加命令可分为两种情况，一种是在动作中现有命令的基础上增加命令，一种是在动作中指定命令之后插入命令。

其中，如果希望在动作现有命令的基础上增加命令，可首先在动作控制面板中选中要增加命令的动作，然后单击"录制动作"按钮●，如图 6-13 所示；如果希望在动作中指定命令之后插入命令，可首先在动作控制面板中选中指定的命令，然后单击"录制动作"按钮●，此时新录制的命令将被放置在该命令之后，如图 6-14 所示。

另外，执行动作快捷菜单中的"插入菜单项目"命令可在动作的指定命令之后插入一个菜单命令。首先选中动作中指定的命令，执行"插入菜单项目"命令，打开如图 6-15 所示的"插入菜单项目"对话框（对话框中没有可设置的项目），然后在 Photoshop 主菜单中选择想要插入的菜单命令，如"编辑"｜"描边"命令，此时"插入菜单项目"对话框如图 6-16 所示，单击"确定"按钮即可把"描边"命令插入到指定动作命令后。

图 6-13　在现有命令的基础上增加命令

图 6-14　在指定命令之后插入命令

图 6-15　"插入菜单项"目对话框

图 6-16　选择"编辑"｜"描边"菜单项后的"插入菜单项目"对话框

- 在动作中插入"停止"命令

由于用画笔、喷枪等绘图工具绘制图形的操作不能录制下来，而在图像的处理过程中又需要这样的操作时，就必须在动作命令的适当位置加入"停止"命令，以便在执行动作时停留在这一操作上，进行手工操作（如使用画笔工具绘图等），然后再继续执行动作中的其余命令。

要在动作中插入"停止"命令，首先应在动作控制面板中选中要暂停处的前一条命令，然后执行动作快捷菜单中的"插入停止"命令，即可在选中命令之后插入"停止"命令，如图 6-17 所示。

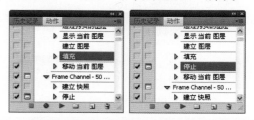

图 6-17　在指定命令之后插入"停止"命令

执行"插入停止"命令时，系统将打开如图 6-18 所示的"记录停止"对话框，用户可在"信息"文本框中输入文本，作为以后执行"停止"命令时在"信息"对话框所显示的提示信息。如果选中对话框中的"允许继续"复选框，则在以后执行"停止"命令时在"信息"对话框中将显示"继续"按钮，单击该按钮可继续执行暂停命令后面的命令。

图 6-18　"记录停止"对话框

在执行有"停止"命令的动作的过程中，当

执行到"停止"命令时，系统允许用户停止当前动作的自动执行，并手工完成一定的操作，待手工处理完成后，只需单击动作控制面板中的"播放动作"按钮 ▶ ，就可继续执行动作中其余命令。

- 插入路径

由于录制动作时不能录制绘制路径的操作，因此，Photoshop 提供了一个专门在动作中增加"设置工作路径"的命令。操作方法如下：

（1）在路径控制面板中选中要插入的路径。

（2）在动作控制面板中指定要插入路径命令的位置。

（3）执行动作快捷菜单中的"插入路径"命令，即可在指定位置之后插入一个"设置工作路径"命令。如图 6-19 所示。

图 6-19　增加"设置工作路径"命令

提示
如果图像中不存在路径，则"插入路径"命令不可用。

- 复制、删除与移动动作或动作中的命令

要复制动作或动作中的命令，应首先选中该动作或动作命令，然后执行动作快捷菜单中的"复制"命令，或者直接将其拖至"新建动作"按钮 🗔 上即可。

要删除动作或动作中的命令，应首先选中该动作或动作命令，然后执行动作快捷菜单中的"删除"命令，在打开的提示对话框中单击"确定"按钮即可。或者将要删除的动作或动作命令直接拖至"删除"按钮 🗑 上，也可将其删除。

要移动动作或动作中的命令，只需在动作控制面板中将其拖动到目标位置即可。

- 禁止执行动作中的命令

如果希望在执行动作时不执行某些动作命令，可单击关掉相应命令前的项目开关标志 ☑ 来实现。

6.1.3.3　播放动作

要让系统自动执行先前录制好的动作，应首先在动作控制面板中选中该动作，然后单击"播放动作"按钮 ▶ ，或者执行动作快捷菜单中的"播放"命令，则动作中录制好的一系列操作就应用到当前图像了。

如果希望从动作中的某条命令开始执行，可首先选中该命令，然后单击"播放动作"按钮 ▶ 。

动作有多种播放方式，执行动作快捷菜单中的"回放选项"命令，将打开如图 6-20 所示的"回放选项"对话框。

图 6-20　回放选项对话框

对话框中各选项说明如下：

- "加速"单选按钮：这是 Photoshop 默认的动作播放方式，在这种方式下，系统将按照录制的动作命令序列快速执行，只有遇到"停止"命令或者操作出错时才会停止。

- "逐步"单选按钮：选择此方式，系统将一步一步地执行动作中的每一条命令，此时在动作控制面板中以高亮蓝底显示当前所执行的命令。选择这种方式的好处在于，可以发现操作过程中出现的错误并进行纠正，如由于未制作选区而导致动作中的"羽化"命令无法执行等。

- "暂停"单选按钮：选择此方式，允许在执行每个命令时暂停，暂停的时间由文本框中的数值决定，变化范围为 1～60s。

- "为语音注释而暂停"复选框：该复选框用于设定是否在遇到语音注释时暂停。

此外，用户还可以同时播放动作文件中的多个动作。为此，应首先选中要播放的多个动作。按下 Shift 键单击动作控制面板中的动作名称，可在同一个文件中选中多个连续的动作，如图 6-21 所示；若按下 Ctrl 键单击动作名称，则可在同一个文件中选中多个不连续的动作，如图 6-22 所示。选中后单击"播放动作"按钮 ▶，系统会按照选中的动作的排列次序依次执行各个动作。

图 6-21　按下 Shift 键　　图 6-22　按下 Ctrl 键
选择动作　　　　　　　选择动作

若在动作控制面板中选中一个动作文件，那么在单击播放动作按钮 ▶ 后，系统将执行该文件中的所有动作。

6.1.3.4　存储、载入和替换动作

录制好一个动作之后，该动作会暂时保留在 Photoshop 中，即使重新启动 Photoshop 也仍然会存在。但是，如果重新安装了 Photoshop，则录制的动作就会被删除。因此，为了能够在重新安装了 Photoshop 后能使用先前录制好的动作，可以将其保存起来。为此，可在选中要保存的动作文件之后，执行动作快捷菜单中的"存储动作"命令来保存动作。

提示
默认情况下，Photoshop CS 的动作文件均被保存在 Program Files\Adobe\Photoshop CS\Presets\Photoshop Actions 文件夹中，扩展名为".atn"。

如果要载入存储的动作文件，可执行动作快捷菜单中的"载入动作"命令，在打开的对话框中选择相应的动作文件即可，此时载入的动作文件被列在原有动作文件之后，如图 6-23 所示。

图 6-23　载入"画框"动作文件

如果执行动作快捷菜单中的"替换动作"命令，则在打开的对话框中选择的动作文件将替换掉原动作控制面板中的所有动作文件，如图 6-24 所示。

图 6-24　用"画框"动作文件替换原有动作文件

如果在对动作进行了修改，或载入、替换了动作之后想使动作控制面板中的动作恢复到初始状态，即只有一个默认动作文件，可执行动作快捷菜单中的"复位动作"命令。

6.1.3.5　其他

- 以按钮模式显示动作

在动作快捷菜单中选择"按钮模式"选项，则动作控制面板中的各个动作将以按钮模式显示，如图 6-25 所示。此时不显示动作文件，而只显示动作文件中的动作名称，以及每个动作的颜色设置。

在按钮模式下，要执行某个动作，只需单击该动作对应的按钮即可。但此时，用户不能进行任何录制、删除、修改动作的操作。

再次选择动作快捷菜单中的"按钮模式"选项，可切换到普通模式。

PHOTOSHOP
专业图像标准

图 6-25　以按钮模式显示动作

- 系统内置动作

在动作快捷菜单中列出了 Photoshop 提供的多种内置动作文件,要使用某动作文件中的动作,应首先在动作快捷菜单中选择该动作文件,将其载入到动作控制面板中,然后再执行其中的动作。

Photoshop 提供的内置动作文件有"图像效果"、"文字效果"、"画框"和"纹理"等,每个文件都包含有大量的动作,利用它们可以轻松制作多种效果。其实,这些动作集成了 Photoshop 处理图像的许多技巧,是学习 Photoshop 很好的素材。初学 Photoshop 的读者,可将动作的播放模式设置为暂停模式,并设定合适的暂停时间(见前述介绍),然后播放 Photoshop 内置动作,逐步学习各种动作的操作过程,还可修改动作的执行方式,如设置对话框标志,在需要用对话框设定参数的步骤系统会自动打开对话框,供用户调整参数,这样对动作命令的作用会理解得更加深刻。

图 6-26 所示为使用部分系统内置动作处理图像的效果。

6.1.3.6　"自动"菜单命令

"文件"│"自动"子菜单包含了多个图像处理自动化命令,利用它们可以简化编辑图像的操作,提高工作效率。下面介绍部分自动化命令。

- "批处理"命令

"批处理"命令可以同时对多个图像执行同一个操作,从而实现自动化。执行"文件"│"自动"│"批处理"命令,系统将打开如图 6-27 所示的"批处理"对话框。

利用"图像效果"动作文件中的动作处理图像

利用"画框"动作文件中的动作处理图像

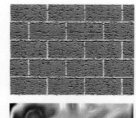
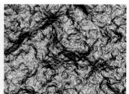
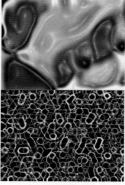

图 6-26　使用系统内置动作处理图像效果

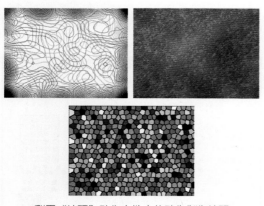

利用"纹理"动作文件中的动作制作纹理

图 6-26 使用系统内置动作处理图像效果（续）

图 6-27 "批处理"对话框

"批处理"对话框对话框各选项组的意义说明如下：

- ➤ "播放"选项组：用于选择希望执行的动作。
- ➤ "源"选项组：用于设置要处理的图像文件的来源，如文件夹、输入（扫描输入）、打开的文件或文件浏览器等。若选择"文件"，"源"选项组如图 6-27 中所示，此时可单击"选取"按钮选择图像文件具体所在的文件夹，并可通过选中下方的复选框设置相关方式。
- ➤ "目的"选项组：用于设置目标文件的管理方法。"目的"下拉列表中有三个选项：选择"无"，表示

不保存文件并保持文件打开；选择"存储并关闭"，表示保存并关闭文件；选择"文件夹"，则可以单击下面的选择按钮选择一个用来保存文件的目标文件夹，若选中"覆盖动作'存储为'命令"复选框，表示将按照设定的路径保存文件，而忽略动作中的保存文件操作。此时还可在"文件命名"选项组设置目标文件的命名方法。

- ➤ "错误"选项组：用于设置错误处理方法。"错误"下拉列表中有两个选项：选择"由于错误而停止"，表示出现错误时出现提示信息，并终止执行动作；若选择"将错误记录到文件"，则表示只是将出现的错误信息记录到文件中，但不会终止程序执行，选择此项时，必须单击下面的"存储为"按钮指定保存错误信息文件的名称和位置。

"批处理"命令在需要对大量图像进行同一操作时显得非常有用。如要将大量位图模式的图像文件转换为 RGB 模式的图像文件，若要一个图像一个图像地转换就显得很繁琐，即使将转换过程录制为一个动作,也要做许多重复的工作(反复按"播放动作"按钮▶)。如果使用"批处理"命令就简单多了，此时只需录制好转换过程的动作，并在"批处理"对话框中选择播放改动作，并设置好需要转换图像所在的文件夹及图像转换完成后的目标文件管理方式，单击"确定"按钮，Photoshop 就可自动完成所有图像的模式转换了。

提示

利用"批处理"命令进行批处理操作时，若要终止它，可以按下Esc键。

- • "条件模式更改"命令

在上述所举的用"批处理"命令将位图模式的图像文件转换为 RGB 模式的图像文件的例子中，若源图像所在的文件夹中还包含其他色彩模

式的图像文件，则在进行"批处理"命令时可能会出现错误信息而中断命令的执行。为了避免这种错误的产生，可使用"条件模式更改"命令。

执行"文件"｜"自动"｜"条件模式更改"命令，系统将打开如图 6-28 所示的"条件模式更改"对话框。

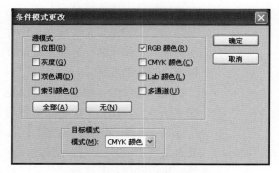

图 6-28 "条件模式更改"对话框

在"源模式"选项组中可设置源图像的色彩模式，也就是说，只有与此处设置的色彩模式相同的图像才会被转换，不同的图像则被忽略。单击"全部"按钮可全选所有模式，单击"无"按钮可取消所有选择。

在"目标模式"下拉列表中可设置转换后的图像模式，如选中 CMYK，则转换后的图像模式就为 CMYK。

提示
如果在录制动作时要录制转换色彩模式的操作，最好用"条件模式更改"命令，这样可省去很多不必要的麻烦。

● 联系表 Ⅱ

使用"联系表 Ⅱ"命令，可将同一个文件夹中的图像提取出来，缩成小图后排放在单个图像中。

执行"文件"｜"自动"｜"联系表 Ⅱ"命令，系统将打开如图 6-29 所示的"联系表 Ⅱ"对话框。该对话框中各项意义说明如下：

➢ "源文件夹"选项组：用于指定源文件夹。单击"浏览"按钮选择源文件夹的路径，设定的路径会出现在浏览按钮右侧，如图中所示。若选中"包含所有子文件夹"复选框，表示制作

缩略图时将包括当前文件夹中的所有子文件夹。

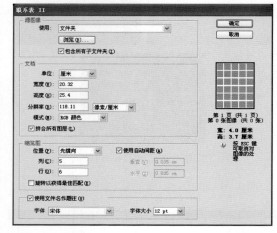

图 6-29 "联系表 Ⅱ"对话框

➢ "文档"选项组：用于设置保存缩略图文件的宽度、高度、分辨率和色彩模式。若选中"拼合所有图层"复选框，则新建的包含缩略图的文件最终将只有两个图层，白色的背景层和所有缩略图合成的图层，否则，新建文件将拥有多个图层，每个缩略图及其名称占有一个图层和一个文字图层。

➢ "缩览图"选项组：用于设置缩略图的排列方式及数目。若在"位置"下拉列表中选择"先横向"，则缩略图将先从左到右，再从上到下排列；若选择"先纵向"，则缩略图将先从上到下，再从左到右排列。在"行"和"列"文本框中输入数值，可设置该文件中所能存放的缩略图的数目，设置结果会显示在对话框右侧的预览框中。例如，在图中设定行数为 4，列数为 5，即表示在新文件中只能放置 4×5=20 个缩略图。

➢ 如果选中"使用文件名作题注"复选框，表示将为缩略图增加文件名提示。此时还可设置提示文件的字体和尺寸。

当在对话框中设置完毕后，单击"确定"按钮，Photoshop 就自动地从指定的文件夹读出图像文件，缩小后整齐地排放到新文件中。如图 6-30 所示。

提示
若源文件夹中的图像多于在对话框中设置的新文件所能容纳的缩略图的数目，Photoshop 会自定建立第二个、第三个……新文件，以便存放所有缩略图。若源文件夹中有已打开的图像，则该图像将被跳过。

● Web 照片画廊

执行"文件"｜"自动"｜"Web 照片画廊"命令，打开如图 6-31 所示的对话框。

使用"Web 照片画廊"命令可以从一组图像中自动生成 Web 照片画廊。Web 照片画廊是一个 Web 站点，它具有一个包含缩略图图像的主页和若干包含全尺寸图像的画廊页。每页都包含链接，使访问者可以在该站点中浏览。例如，当访问者单击主页上的缩略图图像时，便载入包含相关全尺寸图像的画廊页。

图 6-30　"联系表 Ⅱ"命令执行结果

对话框中各选项的意义说明如下：

➢ "样式"下拉列表：该下拉列表用于选择画廊样式，所选样式的主页预览出现在对话框中。

➢ "电子邮件"文本框：在该文本框中输入要显示为画廊的联系地址的电子邮件地址。

➢ "扩展名"下拉列表：选取生成文件的扩展名。

图 6-31　"Web 照片画廊"对话框

➢ "文件夹"选项组：单击"浏览"按钮选择包含要显示在画廊中的图像的文件夹，单击"目的"按钮选择要包含画廊中的图像和 HTML 页的目标文件夹。

➢ "选项"选项组：在此选项组可设置画廊横幅、主页、画廊页及画廊中元素的颜色等选项。

设置好后，单击"确定"按钮，即可生成如图 6-32 所示的画廊主页，单击缩略图可查看对应的画廊页图像，如图 6-33 所示。

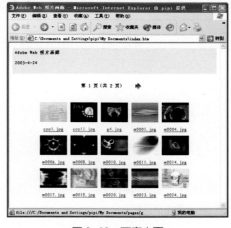

图 6-32　画廊主页

6.2　动作的应用

我们可以把在制作一幅作品时将反复进行的操作录制为动作，避免不必要的重复劳动；或者把经常用到的效果的制作过程录制为动作并保存起来，以备将来使用。

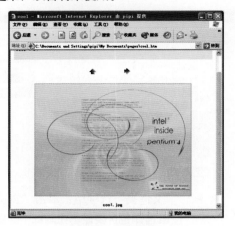

图 6-33　画廊页

金属管道的制作

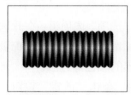

图中，金属管道的每一节并不都是用手工制作完成，只需制作其中的一节，然后将复制该节的操作录制为动作，金属管道的生成只需通过操作动作控制面板就可完成了。

（1）新建图像，背景为白色，如图 6-34 所示。

图 6-34　新建图像

（2）选择工具箱中的矩形选择工具，制作如图 6-35 所示的矩形选区。

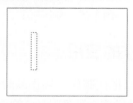

图 6-35　制作矩形选区

（3）执行"选择"｜"修改"｜"平滑"命令，平滑选区，如图 6-36 所示。

图 6-36　平滑选区

（4）选择工具箱中的渐变工具，设置白色到黑色渐变，并选择"对称"渐变模式，新建"图层 1"，从选区中间向右（或向左）侧拖动鼠标，渐变效果如图 6-37 所示。

图 6-37　水平渐变

（5）在工具属性栏上调整渐变的不透明度为50%，然后从选区的中间向上（或向下）拖动鼠标填充渐变，结果如图 6-38 所示。

图 6-38　竖直渐变

（6）取消选区，执行"滤镜"｜"杂色"｜"添加杂色"命令，"数量"设为 10%，执行结果如图 6-39 所示。

图 6-39　添加杂色

（7）单击动作控制面板中的■按钮新建"组1"，然后单击■按钮在"组 1"中新建"动作 1"，此时动作控制面板如图 6-40 所示，"录制动作"按钮●已被自动按下，准备录制动作。

图 6-40　新建动作并开始录制

（8）选择移动工具，按住 Alt 键在图像中拖动鼠标，然后松开 Alt 键，将复制得到的图像移至"图层 1"图像的右侧，如图 6-41 所示。

图 6-41　复制图像

（9）我们需要录制的动作已完成，单击动作控制面板中的"停止录制"按钮■停止录制，此时动作控制面板如图 6-42 所示。

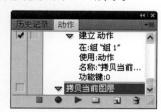

图 6-42　停止录制

（10）图层控制面板如图 6-43 所示。

图 6-43　图层控制面板

（11）单击动作控制面板中的"播放动作"按钮▶若干次，重复刚才录制的动作，图像窗口

及图层控制面板如图 6-44 所示。

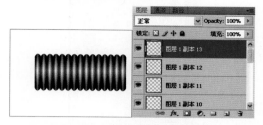

图 6-44　重复执行"动作 1"后的图像和图层控制面板

（12）合并除背景以外的所有图层，执行"图像"｜"调整"｜"色相/饱和度"命令，为金属管道着色，最终效果如图 6-45 所示。

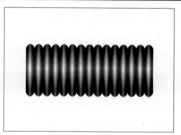

图 6-45　着色

6.3　动手练练

- 自制相框

我们经常要为扫描的照片或其他图像添加相框，为此，可将制作相框的操作过程录制为动作，以后只需单击动作控制面板中的播放动作按钮▶，即可便捷地制作相框了。

操作步骤如下：

（1）新建动作"相框"，开始录制。

（2）在历史控制面板中创建快照，以保存当前状态。

图 6-46　自制相框

（3）按 Ctrl+A 全选图像，并执行"选择"｜"存储选区"命令将选区保存到 Alpha1 通道。

（4）执行"图像"｜"画布大小"命令，将画布的宽度和高度分别调整为原来的 120%和 115%。

（5）新建"图层 1"，载入 Alpha1 通道选区，按 Shift+Ctrl+I 反转选区。

（6）按 Shift+Backspace 打开"填充"对话框，选择图案填充选区。

（7）取消选区，双击"图层 1"为其添加图层样式，图 6-46 所示为添加"斜面和浮雕"图层样式的效果图，并选中"等高线"和"纹理"复选框。

（8）停止录制。

提示
在实际应用的过程中，用户可根据不同图片的长宽比例和个人喜好调整步骤（4）、（6）和（7）的参数，为此，可在动作控制面板中相应命令的前方打开对话框标志，以便在执行动作的过程中打开对话框供用户调整参数。

- 利用"联系表 II"命令和"Web 画廊"命令，为自己的图片库创建缩略图文件和 Web 画廊。

第 7 章 滤镜——图像处理魔术师

【本章主要内容】

　　Photoshop 的滤镜功能非常强大，通过使用滤镜命令，可以为图像增加各种各样绚丽多彩的效果。Photoshop 除了拥有本身的滤镜之外，还允许使用其他厂商提供的滤镜，我们称这些滤镜为外挂滤镜，典型的外挂滤镜有 KTP、Eye Candy、Xenofex 等。本章将对 Photoshop 自带的滤镜和部分精彩外挂滤镜进行介绍，并举相关实例说明滤镜在实际中的应用。

【本章学习重点】

- Photoshop 自带滤镜
- KTP、Eye Candy 等外挂滤镜
- 滤镜的应用

7.1　滤镜介绍

　　打开"滤镜"菜单，展开的"滤镜"菜单如图 7-1 所示。

图 7-1　"滤镜"菜单

　　从图中可看出，"滤镜"菜单分为 4 个部分。第一部分即第一行显示上次执行的滤镜操作命令，第二部分为、"滤镜库"、"液化"和"消失点"命令，第三部分为 Photoshop 自带的各种滤镜组，第四部分为外挂滤镜。

　　在介绍滤镜之前，先来看看滤镜的使用规则，只有熟悉了这些规则，才能正确地使用滤镜功能。

- Photoshop 的滤镜命令只对当前选中的图层和通道起作用，如果图像中制作了选区，则只对选区内的图像进行处理，否则将对整个图像进行处理。
- 绝大多数的滤镜命令都不能应用于文字图层，要对文字执行滤镜命令，必须首先将文字图层栅格化为普通图层。
- 当执行完一个滤镜命令后，在"滤镜"菜单的第一行会出现刚才使用过的滤镜命令，单击它或按 Ctrl+F 组合键，可快速重复执行该命令。若按 Ctrl+Alt+F 组合键，则会打开上一次执行的滤镜对话框。如果按 Shift+Ctrl+F 组合键，系统将打开如图 7-2 所示的"渐隐"对话框，利用该对话框可将执行滤镜命令后的图像与原图像进行混合，用户可在该对话框中调整不透明度和色彩混合模式。
- 在 Bitmap、Indexed Color 和 16Bits 的色彩模式下不能使用滤镜。此外，不同的色彩模式其使用范围也不同，在 CMYK 和 Lab 模式下，部分滤镜不能使用，如"素描"、"纹理"和"艺术效果"等滤镜。

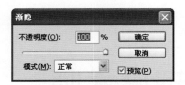

图 7-2 "渐隐"对话框

- 只对局部选区进行滤镜效果处理时，可以对选区设定羽化值，使处理的区域能自然地与原图像融合。
- 在任一滤镜的对话框中，按下 Alt 键，对话框中的"取消"按钮将变为"复位"按钮，单击该按钮可使滤镜设置恢复到刚打开对话框时的状态。

7.1.1 "滤镜库"、"液化"和"图案生成器"命令

1. "滤镜库"命令

执行"滤镜"｜"滤镜库"命令，打开"滤镜库"对话框如图 7-3 所示。

图 7-3 滤镜库

如图中所示，对话框左侧为图像预览区域，中间为陈列的分类滤镜，右侧为选中滤镜的参数设置区域。

2. "液化"命令

利用"液化"命令，可以制作逼真的液体流动的效果，如弯曲、湍流、漩涡、扩展、收缩、移位和反射等。但是，该命令不能用于索引颜色、位图和多同道模式的图像。

我们以若干实例来说明如何运用"液化"命令制作各种液体流动的效果。

- 弯曲

打开一幅图像后，执行"滤镜"｜"液化"命令，打开"液化"对话框，在对话框中选择弯曲工具，然后在右侧的设置区设置适当的画笔大小和压力，在图像编辑窗口中单击并拖动鼠标，即可为图像制作弯曲的液体流动效果。如图 7-4 所示。

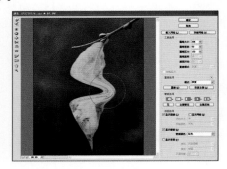

图 7-4 弯曲效果

- 湍流

选择"液化"对话框中的湍流工具，此时，在右侧的设置区除了可设置画笔的大小和压力外，还可设置湍流抖动参数，设置好后，在图像编辑窗口中单击并按住鼠标左键不放，就会看到湍流效果，如图 7-5 所示。当然，也可拖动鼠标制作湍流效果。

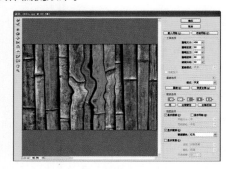

图 7-5 湍流效果

- 漩涡

用"液化"对话框中的旋转扭曲工具，可以旋转图像。选中该工具后，在图像编辑窗口中单击并按住鼠标左键不放或拖动鼠标，即可顺时针旋转笔刷下面的像素，若按住 Alt 键的同时按住鼠标左键不放或拖动鼠标，可逆时针旋转笔

刷下面的像素。由于靠近笔刷边缘的像素要比靠近笔刷中心的像素旋转慢，从而可以利用该工具制作漩涡效果。如图 7-6 所示为顺时针和逆时针旋转扭曲的效果图。

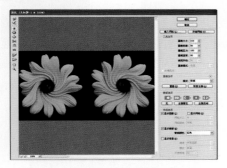

图 7-6　漩涡效果

- 收缩和扩展

选择"液化"对话框中的收缩工具 和扩展工具 ，在图像编辑窗口中单击并按住鼠标左键不放或拖动鼠标，即可收缩和扩展笔刷下面的像素，如图 7-7 所示。

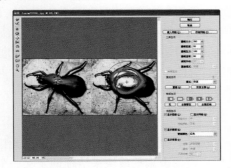

图 7-7　收缩和扩展效果

利用收缩和扩展工具，可以很方便得改变人的长相和体形，制作一些特殊效果。

- 移动像素

选择"液化"对话框中的移动像素工具 ，在图像编辑窗口中单击并拖动鼠标，系统将在垂直于鼠标移动方向的方向上移动像素。默认情况下，向右移动鼠标，像素向上移；向上移动鼠标，像素向左移。若按住 Alt 键移动鼠标，像素移动的方向相反。如图 7-8 所示。

- 反射

选择"液化"对话框中的反射工具 ，在图像编辑窗口中单击并拖动鼠标，系统将复制垂直于拖动方向的像素，产生反射效果，如图 7-9 所示。系统复制的始终是鼠标前进方向右侧的像素，如向右移动鼠标，将复制鼠标下侧的像素；向上移动鼠标，将复制鼠标右侧的像素。

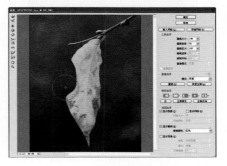

图 7-8　移动像素效果

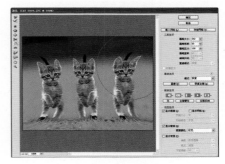

图 7-9　反射效果

图中左右两只小猫都由中间一只复制得到。

提示
在"液化"对话框中，如果希望将图像恢复到初始状态，可在对话框右侧的"重建选项"选项组中单击"恢复全部"按钮。

选择"液化"对话框中的重建工具 ，并在对话框右侧的"重建选项"选项组的"模式"下拉列表中选择"恢复"，然后用鼠标在图像窗口中涂抹，可部分或全部恢复图像的先前状态。

选择"液化"对话框中的冻结工具 ，在图像编辑窗口中涂抹，可以设置冻结区域，即受保护区域，此时，变形操作对区域内的像素不会有影响；要想解冻该区域，可选中解冻工具 ，然后在冻结区涂抹即可。

3."消失点"命令

消失点工具使得用户可以方便地处理图像的透视关系，在图 7-10 所示的图像中，在具有远小近大透视关系的地板上有一把刷子，我们来尝试利用消失点工具将刷子从地板上清除。

图 7-10 原图

执行"滤镜"|"消失点"命令，打开"消失点"对话框如图 7-11 所示。

图 7-11 "消失点"对话框

首先选中创建平面工具 制作透视平面，如图 7-12 所示。

图 7-12 制作透视平面

然后选中图章工具 ，按住 Alt 键在图中单击选取参考点，如图 7-13 所示。

接下来即可在图中单击并拖动鼠标复制图像覆盖刷子所在位置，复制图像的过程中可在对话框中设置直径、硬度、不透明度和修复等参数以达到最佳效果，复制图像的过程以及制作完成

后的图像分别如图 7-14 和 7-15 所示。

图 7-13 选取参考点　　图 7-14 复制图像

图 7-15 最终效果

7.1.2 Photoshop 自带滤镜介绍

在"滤镜"菜单中共有 14 个 Photoshop 自带滤镜组，而每个滤镜组中又有若干个滤镜命令。限于篇幅，这里不对每个命令进行讲解，而是选择在实际运用过程中经常用到的、有特色的滤镜命令进行介绍，我们按滤镜组给滤镜分类，并举实例说明滤镜的作用。

1."像素化"滤镜组

"像素化"滤镜组中的滤镜通过使单元格中颜色值相近的像素结成块来清晰地定义一个选区，该滤镜组中有 7 个滤镜命令，部分滤镜的功能和作用介绍如下。

● "彩色半调"滤镜

"彩色半调"滤镜可模仿产生铜版画的效果，即在图像的每一个通道扩大网点在屏幕的显示效果。执行该滤镜的效果如图 7-16 所示。

"彩色半调"对话框中的最大半径的变化范围为 4～127 像素，其决定产生半色调网格的大小。网角为网点和实际水平线的夹角，其变化范围为-360～360，灰度模式的图像只能使用通道 1，RGB 模式的图像可以使用前 3 个通道，而 CMYK 模式的图像可使用所有的 4 个通道。

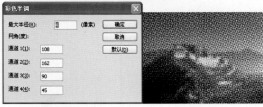

图 7-16 "彩色半调"滤镜

其实，可以利用"彩色半调"滤镜来制作网格状选区，然后对图像进行进一步的处理。具体方法如下：

（1）新建一个图像文件，并新建 Alpha1 通道，用画笔工具在通道中绘画，如图 7-17 所示。

（2）执行"滤镜"｜"像素化"｜"彩色半调"命令，按图 7-18 所示设置对话框参数。

图 7-17 在通道中绘画

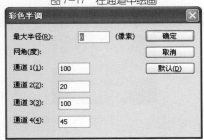

图 7-18 "彩色半调"滤镜对话框

（3）单击"确定"按钮，"彩色半调"滤镜执行结果如图 7-19 所示。

（4）新建一图层，载入 Alpha1 通道选区，使用渐变工具填充渐变，再为该图层添加"投影"图层样式，结果如图 7-20 所示。

这样的图案在作品中也许会派上用场，注意

其制作方法。

图 7-19 "彩色半调"滤镜执行结果

图 7-20 填充渐变并添加"投影"图层样式

- "晶格化"滤镜

"晶格化"滤镜使像素结块形成多边形纯色，执行该滤镜的效果如图 7-21 所示。

"晶格化"滤镜对话框中只有一个"单元格大小"选项，用于决定多边形分块的大小，变化范围为 3～300 像素。

图 7-21 "晶格化"滤镜

- "马赛克"滤镜

"马赛克"滤镜把具有相似色彩的像素合成更大的方块，并按原图规则排列，模拟马赛克的效果，如图 7-22 所示。

图 7-22 "马赛克"滤镜

"马赛克"滤镜对话框中只有一个"单元格大小"选项，用于确定产生马赛克的方块大小，变化范围为 2~200 像素。

2."扭曲"滤镜组

"扭曲"滤镜组中的滤镜可以按照各种方式对图像进行几何扭曲，它们的工作手段大多是对色彩进行位移或插值等操作。

• "切变"滤镜

使用"切变"滤镜可以沿一条用户自定义曲线扭曲一幅图像。在"切变"滤镜对话框中的曲线设置区，可任意定义扭曲曲线的形状，其中，鼠标在曲线上单击可创建一结点，然后拖动结点即可改变曲线的形状，用户最多可自己定义 18 格个结点，要删除某个结点，只需拖动该结点到曲线设置区以外即可。

在未定义区域可选择一种对扭曲后所产生的图像空白区域的填补方式，若选择这回方式，则在空白区域中填入溢出图像之外的图像内容；若选择重复边缘像素方式，则在空白区域填入扭曲边缘的像素颜色。

"切变"滤镜的执行效果如图 7-23 所示。

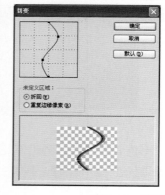

图 7-23 "切变"滤镜

• "扩散亮光"滤镜

使用"扩散亮光"滤镜处理的图像，就像是透过一个柔和的扩散滤镜来观看它，此滤镜将透明的白杂色添加到图像，并从选区的中心向外渐隐亮光。"扩散亮光"滤镜的效果如图 7-24 所示。

图 7-24 "扩赛亮光"滤镜

• "旋转扭曲"滤镜

使用"旋转扭曲"滤镜可以旋转图像，中心的旋转程度要比边缘的旋转程度大，其效果如图 7-25 所示。

在"旋转扭曲"滤镜对话框中可设置旋转角度以控制扭曲变形，角度为正时，顺时针旋转，角度为负时，逆时针旋转，角度的绝对值越大，旋转扭曲得越厉害。

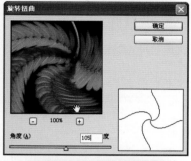

图 7-25 "旋转扭曲"滤镜

- "极坐标"滤镜

"极坐标"滤镜可以将图像坐标从直角坐标系转换为极坐标系，或者反过来将极坐标系转换为直角坐标系。

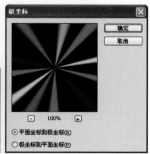

图 7-26 直角坐标转换为极坐标

在一幅背景色为黑色的图像中新建一图层，用画笔工具绘制各种颜色的竖直线条，然后执行"极坐标"滤镜命令，结果如图 7-26 和 7-27 所示。

- "水波"滤镜

"水波"滤镜根据选区中像素的半径将选区径向扭曲。

"起伏"选项用于设置水波方向从选区的中心到其边缘的反转次数；"样式"下拉列表用于选择水波的样式："水池波纹"将像素置换到左上方或右下方，"从中心向外"向着或远离选区中心置换像素，而"围绕中心"围绕中心旋转像素。

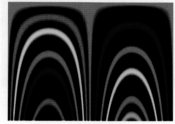

图 7-27 极坐标转换为直角坐标

如图 7-28 所示为执行"水波"滤镜的效果图，其中选择"水池波纹"样式。

- "波浪"滤镜

"波浪"滤镜可根据用户设定的不同波长产生不同的波动效果。

"波浪"滤镜对话框中的选项包括波浪生成器的数目、波长(从一个波峰到下一个波峰的距离)、波浪高度和波浪类型："正弦"（滚动）、"三角形"或"方形"，"随机化"选项应用随机值，也可以定义未扭曲的区域。

如图 7-29 所示为执行"波浪"滤镜的效果图。

图 7-28   "水波"滤镜

- "波纹"滤镜

"波纹"滤镜是"波浪"滤镜的简化，如果只需要产生简单的水面波纹效果，不用设置波长、波幅等参数，即可使用此滤镜。

- "海洋波纹"滤镜

"海洋波纹"滤镜将随机产生的海洋波纹添加到图像表面，使图像看上去像是在水中，如图7-30 所示。

- "玻璃"滤镜

"玻璃"滤镜可在图像表面生成一系列玻璃纹理，产生一种透过玻璃观察图片的效果，如图7-31 所示。

在"玻璃"滤镜对话框中，可设置玻璃纹理类型、扭曲度、平滑度、缩放以及是否将纹理反

相等参数。

图 7-29   "波浪"滤镜

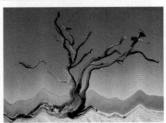

图 7-30   "海洋波纹"滤镜

图 7-31 "玻璃"滤镜

Photoshop 提供了以下几种纹理："块状"(上图中即使用块状纹理)、"画布"、"结霜"和"小镜头"四种类型。用户还可以安装纹理,选择"纹理"下拉列表中的"载入纹理"选项,在打开的对话框中选择一个 Photoshop 格式的图像文件,单击"确定"按钮,就可将该图像作为玻璃纹理使用。如载入一幅人脸图形的 Photoshop 格式的图像文件作为玻璃纹理,执行"玻璃"滤镜的效果如图 7-32 所示。

图 7-32 载入人脸图像作为玻璃纹理

● "球面化"滤镜

"球面化"滤镜可以产生球面的 3D 效果,如图 7-33 所示。

在"球面化"滤镜的对话框中可设置球面化的"数量"参数,该数值越大,球面化越厉害,

即 3D 效果越明显。此外,用户还可在"模式"下拉列表中选择"水平优先"和"垂直优先"来制作水平和垂直的圆柱面效果。

● "置换"滤镜

"置换"滤镜将根据置换图中像素的不同色调值来对图像进行变形,从而产生不定方向的位移效果,我们通过一个实例来说明其用法。

(1)打开如图 7-34 所示的素材图像。

(2)执行"图像" | "模式" | "灰度"将其转换为灰度图像,如图 7-35 所示。并将此灰度图像另存储为 PSD 格式的文件。

(3)打开该素材图像,输入一串数字,并将此文字图层转换为普通图层,如图 7-36 所示。

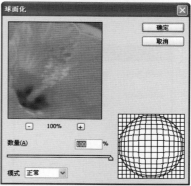

图 7-33 "球面化"滤镜

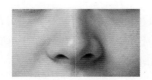

图7-34 素材图像

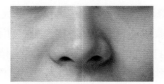

图7-35 转换为灰度模式

图7-36 输入数字并栅格化图层

(4) 执行"滤镜"|"扭曲"|"置换"命令,打开"置换"滤镜对话框,设置参数如图7-37所示,然后单击"确定"按钮,在打开的选择对话框中选择前面保存的灰度图像作为置换图,单击"确定"按钮,结果如图7-38所示。

图7-37 "置换"对话框

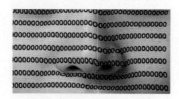

图7-38 置换滤镜效果图

数字层在执行完"置换"滤镜命令后,根据

人脸的形状发生了扭曲,就如这些数字是写在了人的脸上一样。

从这个例子中可以看到,在执行"置换"滤镜之前必须要有一幅PSD格式的置换图像,执行滤镜时选中该图像,系统将根据其像素颜色值,对原图像进行变形。置换图的像素颜色值对应的变形规则如下:0(黑色),产生最大负向位移,即将待处理图像中相应的像素向右或向下移动;255(白色),产生最大正向位移,即将待处理图像中相应的像素向左或向上移动;128,像素不产生位移。

置换图可以有一个或多个色彩通道,若只有一个色彩通道,"置换"滤镜将根据置换图的像素颜色值正向或负向移动源图像的像素;若置换图有多个色彩通道,则第一个通道的像素颜色值决定源图像像素的水平位移,第二个通道的像素颜色值决定源图像像素的垂直位移。上例中,置换图为灰度模式,只有一个色彩通道。

在"置换"滤镜对话框中可设置像素位移的水平和垂直比例,变化范围为0%~100%,值越大像素位移也越大。当置换图的像素少于源图像的像素时,可在置换图设置区设定置换图的匹配方式。在对话框中也可设置对未定义区域的处理。

● "镜头校正"滤镜

Photoshop CS新增的"镜头校正"滤镜可以校正因相机镜头的焦距、光圈等因素造成的照片失真,例如桶状变形、枕形失真、晕影、色彩失常等。图7-39所示为用广角镜头拍照容易产生的广角畸变,我们用"镜头校正"滤镜对其进行校正,执行"滤镜"|"扭曲"|"镜头校正"命令打开"镜头校正"对话框如图7-40所示。

图7-39 广角畸变图像

图 7-40　"镜头校正"对话框

在"镜头校正"对话框中将"移去扭曲"参数设为适当的正值，图像的广角畸变即会得到修正。预览图中的网格可帮助我们观察图片校正的效果。校正后的图像如图 7-41 所示。

3．"杂色"滤镜组

"杂色"滤镜组中包含有四种滤镜，其中"添加杂色"滤镜用于增加图像中的杂点，其他均用来去除图像中的杂点，如斑点与划痕等。

图 7-41　校正后图像

● "添加杂色"滤镜

"添加杂色"滤镜是在处理图像的过程中经常用到的一个滤镜，它将杂点随机地混合到图像当中，模拟在高速胶卷上拍照的效果。如图 7-42 所示。

"添加杂色"对话框中各选项的意义说明如下：

➢ "数量"文本框：表示添加杂色的

多少，变化范围为 0.1%～400%。

➢ "分布"选项组：选中"平均分布"单选按钮，表示系统随机地在图像中加入杂点，其杂点的颜色是统一平均分布；选中"高斯分布"单选按钮，表示系统按高斯曲线分布的方式来添加杂点，此方式下加入的杂点较为强烈。

➢ "单色"复选框：选中此复选框，加入的杂点只影响原图像素的亮度，并不改变像素的颜色，否则，在添加杂点后，像素的颜色会发生变化。

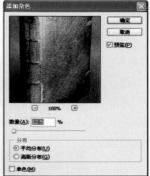

图 7-42　"添加杂色"滤镜

利用"添加杂色"滤镜可以制作各种纹理，如制作第五章中竹子表面的纹理和第四章中表现金属圆盘表面的质感等等，此滤镜的用途很多，读者应该在实例中体会其功能及用法。

● "减少杂色"滤镜

"减少杂色"滤镜为 Photoshop CS 新增滤镜，该滤镜有助于去除 JPEG 图像压缩时产生的噪点。

图 7-43 所示为使用"减少杂色"滤镜为一幅图像减少杂色前后的图像，原图为高 ISO（ISO=3200）照片的局部，可看出，照片中有许多因 ISO 过高产生的噪点，经"减少杂色"滤镜处理后，噪点得到了较好的消除。

图 7-43 "减少杂色"滤镜

"减少杂色"滤镜可设置"强度"、"保留细节"和"锐化细节"等参数，还可在"高级"选项中对 R、G、B 通道分别进行调整。

- "中间值"滤镜

"中间值"滤镜通过混合图像中像素的亮度来减少杂色，在消除或减少图像的动感效果时非常有用。"中间值"滤镜对话框中只有一个"半径"文本框，其变化范围为 1～100 个像素，值越大融合效果越明显，如 7-44 所示为执行"中间值"滤镜的效果。

图 7-44 "中间值"滤镜

- "去斑"和"蒙尘与划痕"滤镜

这两个滤镜可去除图像中的杂点和划痕，在对有缺陷的照片进行处理时非常有用。

4. "模糊"滤镜组

"模糊"滤镜组中的模糊滤镜通过平衡图像中已定义的线条和遮蔽区域的清晰边缘旁边的像素，使变化显得柔和，达到模糊的效果。

- "动感模糊"滤镜

"动感模糊"滤镜在某一方向对像素进行线性位移，产生沿某一方向运动的模糊效果，就如用有一定曝光时间的相机拍摄快速运动的物体一样。"动感模糊"滤镜的执行效果如图 7-45 所示。

"动感模糊"滤镜对话框中有两个选项，"角度"选项用于设定动感模糊的方向，其变化范围为-90～90；"距离"选项用于设定像素移动的距离，其变化范围为 1～999 个像素。

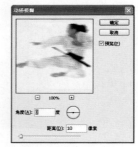

图 7-45 "动感模糊"滤镜

- "形状模糊"滤镜

"形状模糊"滤镜为 Photoshop CS 新增滤镜，

打开"形状模糊"滤镜对话框如图 7-46 所示。用户可在对话框中选择应用于模糊的形状，并调整半径大小以制作特殊模糊效果。半径越大，模糊效果越好，但也更耗系统资源。

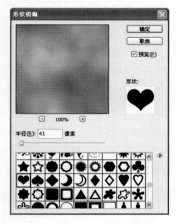

图 7-46 "形状模糊"滤镜

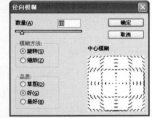

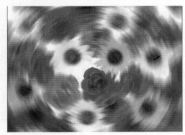

图 7-47 旋转径向模糊

● "径向模糊"滤镜

"径向模糊"滤镜能够模拟前后移动或旋转

的相机所拍摄的物体的模糊效果。该滤镜有两种模糊方式："旋转"和"缩放"方式，其中，"旋转"方式产生旋转模糊的效果，如图 7-47 所示；"缩放"方式产生放射状模糊的效果，如图 7-48 所示。

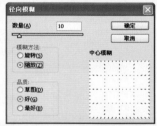

图 7-48 缩放径向模糊

在"径向模糊"滤镜对话框中还可定义模糊中心，只需将鼠标移动到预览方框内单击即可；"数量"选项用于设置模糊的强度，变化范围为 1～100，值越大，模糊效果越明显；"品质"选项组有三个选项，供用户选择滤镜执行效果的好坏，效果越好，执行速度越慢。

● "方框模糊"滤镜

"方框模糊"滤镜为 Photoshop CS 新增滤镜，此滤镜基于相邻像素的平均颜色来模糊图像，打开"方框模糊"滤镜对话框如图 7-49 所示。在对话框中可调整用于计算给定像素的平均值的半径大小，半径越大，产生的模糊效果越好。

- "特殊模糊"滤镜

"特殊模糊"滤镜可较精确地模糊图像，产生清晰边界的模糊方式，如图 7-50 所示。

图 7-49 "方框模糊"滤镜

图 7-50 "特殊模糊"滤镜

在"特殊模糊"滤镜对话框中，可以指定半

径（0.1～100），确定滤镜搜索要模糊的不同像素的距离；可以指定阈值（0.1～100），确定像素值的差别达到何种程度时应将其消除；另外，还可以指定模糊品质和模式。

- "表面模糊"滤镜

"表面模糊"滤镜为 Photoshop CS 新增滤镜，此滤镜用于创建特殊效果并消除杂色或粒度，在保留边缘的同时模糊图像，打开"表面模糊"滤镜对话框如图 7-51 所示。对话框中的"半径"选项指定模糊取样区域的大小，"阈值"选项用户控制相邻像素色调值与中心像素值相差多大时才能成为模糊的一部分，色调值差小于阈值的像素被排除在模糊之外。

图 7-51 "表面模糊"滤镜

- "镜头模糊"滤镜

"镜头模糊"滤镜为 Photoshop CS 新增滤镜，利用"镜头模糊"滤镜可以使图像产生更浅的景深效果（景深是摄影学术语，指被摄物体前后图像清晰范围的深度）。如果在拍摄时由于设置镜头光圈和焦距不当使得照出来的照片景深过深，可以使用"镜头模糊"滤镜对照片进行修饰，以达到预期的效果。

如图 7-52 所示为一幅使用小光圈镜头拍摄的照片，由于景深太深，远处的汽车都很清晰，这不利于突出照片的主题（老人与狗）。因此，我们尝试用"镜头模糊"滤镜使景深变浅，突出主题。

首先复制背景图层，得到"背景副本"图层，图层控制面板如图 7-53 所示。

在通道控制面板中单击单击"创建新通道"按钮新建 Alpha1 通道，并制作黑白渐变如图 7-54 所示。

图 7-52 原图

图 7-53 图层控制面板

图 7-54 新建 Alpha1 通道

选中"背景副本"图层，执行"滤镜"|"模糊"|"镜头模糊"命令，打开"镜头模糊"对话框，在"深度映射"中选择源 Alpha1 通道，适当调整光圈半径等参数，"镜头模糊"对话框参数

设置如图 7-55 所示。

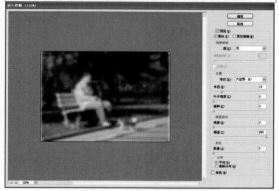

图 7-55 "镜头模糊"对话框

"镜头模糊"参数设置完成后，单击"确定"按钮，得到如图 7-56 所示图像。

图 7-56 "镜头模糊"效果

从图 7-55 所示图中可看出，由于事先没有制作选区，人物的部分区域也被模糊了，这不是希望的结果，因此选在工具箱中选取橡皮擦工具，擦除"背景副本"图层中人物被模糊的区域，露出"背景"图层中的对应区域图像，此时看到的结果就是想要的。最后的图像如图 7-57 所示。

- "高斯模糊"滤镜

"高斯模糊"滤镜利用钟形高斯曲线的分布模式,有选择地模糊图像。"高斯模糊"滤镜的效果如图 7-58 所示。

在"高斯模糊"滤镜对话框中可设置模糊半径,其变化范围为 0.1~250,模糊半径越大,高斯模糊效果越明显。

图 7-57　最终效果图

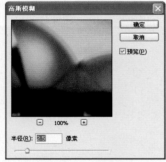

图 7-58　"高斯模糊"滤镜

"模糊"滤镜组中还有另外两个滤镜,"模糊"滤镜和"进一步模糊"滤镜。它们的作用和

"高斯模糊"滤镜基本相同,区别在于,"高斯模糊"滤镜是根据高斯曲线的分布模式对图像中的像素有选择地进行模糊,而这两个滤镜则对所有的像素一视同仁地进行模糊处理。而且执行这两个滤镜命令时,没有可供用户设置的模糊参数,而"高斯模糊"则可调整模糊半径,因此在实际运用过程中,用户大多选择"高斯模糊"滤镜来制作模糊效果。在执行效果上,"进一步模糊"滤镜的强度是"模糊"滤镜强度的 3~4 倍。

5.〝渲染〞滤镜组

利用"渲染"滤镜组中的滤镜可可制作云彩和各种光照效果。

● 〝云彩〞滤镜和〝分层云彩〞滤镜

"云彩"滤镜和"分层云彩滤"镜都用来生成云彩,但两者产生云彩的方法不同。"云彩"滤镜直接利用前景色和背景色之间的随机像素的值将图像转换为柔和的云彩,而"分层云彩"滤镜则是将"云彩"滤镜得到的云彩和原图像以"差值"色彩混合模式进行混合。

图 7-59 为一幅原始图像,图 7-60 和图 7-61 显示了"云彩"滤镜和"分层云彩"滤镜的执行效果。前景色和背景色分别设为白色和蓝色。

图 7-59　原图

图 7-60　"云彩"滤镜

按住Shift键执行"云彩"滤镜和"分层云彩"
滤镜可增强色彩效果。

● "光照效果"滤镜

"光照效果"滤镜是一个功能极强的滤镜，
它的主要作用是产生光照效果，并可通过使用灰
度图像的纹理产生类似 3D 的效果。

图 7-61 "分层云彩"滤镜

执行"滤镜"｜"渲染"｜"光照效果"命
令，打开"光照效果"滤镜对话框，如图 7-62 所
示。

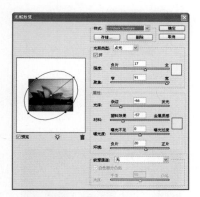

图 7-62 "光照效果"滤镜对话框

从图中可以看出，"光照效果"滤镜对话框
比较复杂，它大体分为两个部分：左侧的图像预
览区和右侧的设置区。

图像预览区下方的灯泡用于为图像添加光
源，要添加光源，只需单击该灯泡并将其拖动到
预览窗口中即可，Photoshop 最多允许用户建立
16 个光源。选中某光源，单击灯泡右侧的垃圾箱
按钮可将该光源删除。

在设置区中，Photoshop 提供了 17 种光照样
式、3 种光照类型供用户选择，另外，用户还可

调整光的强度和聚焦度，并更改光照的 4 种属性，
以达到各种不同的光照效果。各组参数设置产生
的光照效果，读者应该在实践中去尝试，找出复
合自己设计意图的效果，若该效果在今后还可能
会用到，可将其存储为样式，以备以后使用。为
此，单击"样式"选项组中的"存储"按钮，在
打开的对话框中输入样式的名称，单击"确定"
按钮，即可将自定义的光照样式存储到系统中。

图 7-63 所示为三种光照样式产生的光照效
果图。

图 7-63 "光照效果"滤镜

设置区下方的"纹理通道"选项用于在图像
中加入纹理，产生浮雕效果，为图像增加立体感。
"纹理通道"下拉列表中将列出当前图像通道控制
面板中所有的通道名称，从中选择一个通道作为
纹理通道为图像添加纹理，我们通过一个实例来
说明其用法。

（1）新建一幅 RGB 图像，填充紫色，如图
7-64 所示。

（2）新建 Alpha1 通道，设置前景色和背景
色为黑色和白色，执行"滤镜"｜"渲染"｜"云

彩"命令，效果如图 7-65 所示。

图 7-64　新建图像

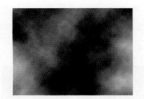

图 7-65　在 Alpha1 通道中制作云彩

（3）执行"滤镜"｜"渲染"｜"光照效果"命令，打开"光照效果"滤镜对话框，"光照类型"选择点光，在"纹理通道"下拉列表中选择 Alpha1 通道，其余参数如图 7-66 所示。

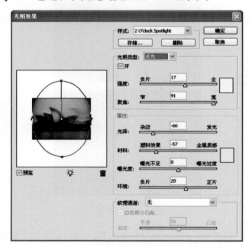

图 7-66　光照效果"滤镜对话框

（4）"光照效果"滤镜执行结果如图 7-67 所示。

当选择"纹理通道"下拉列表中的一个通道后，其下方的"白色部分凸出"复选框和"高度"滑杆变为可用，若选中"白色部分凸出"复选框，则文理的凸出部分用白色表示，反之，则以黑色表示。"高度"滑杆用于调整纹理的高度，变化范围为 0~100。

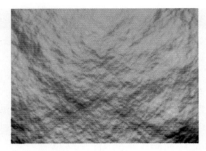

图 7-67　使用"光照效果"滤镜添加纹理

- 　"镜头光晕"滤镜
- 　"镜头光晕"滤镜模拟亮光照射到像机镜头所产生的折射效果，如图 7-68 所示。

图 7-68　"镜头光晕"滤镜

在"镜头光晕"滤镜对话框中可设置光晕的亮度，其变化范围为 10%~300%；用鼠标在预览窗口中单击并拖动可设定光晕中心；可供选择的镜头类型有四种：50~300 毫米变焦，35 毫米聚焦、105 毫米聚焦和电影镜头，其中 105 毫米聚焦镜头产生的光芒最多。

6. "画笔描边"滤镜组

"画笔描边"滤镜组中的滤镜使用不同的画笔和油墨描边效果创造出绘画效果的外观，该滤镜组中共有 8 种滤镜。

- "喷溅"滤镜

"喷溅"滤镜产生类似笔墨喷溅的效果，在"喷溅"对话框中可设置"喷溅半径"及"平滑度"，如图 7-69 所示。

图 7-69 　"喷溅"滤镜

- "喷色描边"滤镜

"喷色描边"滤镜和"喷溅"滤镜相似，它使用一定方向的喷溅的颜色线条重新绘制图像，如图 7-70 所示。在对话框中可以选择描边方向。

图 7-70 　"喷色描边"滤镜

- "强化边缘"滤镜

"强化边缘"滤镜可以强化图像的边缘，在该滤镜的对话框中可设置"边缘宽度"、"边缘亮度"和"平滑度"。其中，"边缘亮度"值越大，强化边缘越接近白色粉笔效果；"边缘亮度"值越小，强化边缘越接近黑色油墨效果，如图 7-71 所示。

- "油墨轮廓"滤镜

"油墨轮廓"滤镜能在图像中颜色边界处产生用油墨勾画出轮廓的效果，如图 7-72 所示。

图 7-71 　"强化边缘"滤镜

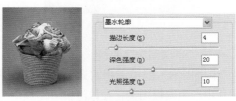

图 7-72 　"油墨轮廓"滤镜

- "阴影线"滤镜

"阴影线"滤镜保留原图像的细节和特征，同时使用模拟的铅笔阴影线为图像添加纹理，并使图像中彩色区域的边缘变粗糙，如图 7-73 所示。该滤镜对话框中"强度"选项用于控制一次滤镜命令使用阴影线的次数，变化范围为1~3。

7. "素描"滤镜组

"素描"滤镜组中的滤镜将纹理添加到图像上，通常用于获得 3D 效果。这些滤镜还适用于创建美术或手绘外观。

图 7-73 "阴影线"滤镜

- "半调图案"滤镜

"半调图案"滤镜使用前景色和背景色在当前图片中产生网板图案，在该滤镜对话框中可设置"图案类型"、"大小"和"对比度"，其中，"图案类型"下拉列表中有"圆圈"、"网点"和"直线"3 个选项，图 7-74 所示为选择网点图案的执行效果，前景色和背景色分别为蓝色和白色。

- "图章"滤镜

"图章"滤镜模拟图章作画，用于黑白图像时效果最佳。此滤镜简化图像，使之呈现用橡皮或木制图章盖印的效果，如图 7-75 所示。前景色和背景色仍为蓝色和白色。

- "基底凸现"滤镜

"基底凸现"滤镜变换图像，使之呈浅浮雕的雕刻状和突出光照下变化各异的表面。图像的

暗区使用前景色，而浅色使用背景色。在该滤镜对话框的"光照方向"下拉列表中可选择光源方向，不同的光照方向将产生不同的浮雕效果。"基底凸现"滤镜如图 7-76 所示。

图 7-74 "半调图案"滤镜

图 7-75 "图章"滤镜

- "塑料效果"滤镜

"塑料效果"滤镜按 3D 塑料效果处理图像，使图像具有塑料的质感。该滤镜使用前景色与背景色为结果图像着色，暗区凸起，亮区凹陷。"塑料效果"滤镜效果如图 7-77 所示。

- "撕边"滤镜

"撕边"滤镜处理图像中的颜色边缘，使其

呈粗糙、撕破的纸片状，然后使用前景色和背景色给图像着色。"撕边"滤镜效果如图 7-78 所示。

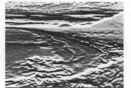

图 7-76　"基底凸现"滤镜

图 7-77　"塑料效果"滤镜

- "水彩画纸"滤镜

"水彩画纸"滤镜模拟在潮湿的纤维纸上绘画，使图像的颜色流动并混合，如图 7-79 所示。

- "炭精笔"滤镜

"炭精笔"滤镜在图像上模拟浓黑和纯白的炭精笔纹理。该滤镜在图像的暗区使用前景色，在亮区使用背景色。为了获得更逼真的效果，可

以在应用滤镜之前将前景色改为常用的炭精笔颜色（黑色、深褐色或血红色），为了获得减弱的效果，可以在应用滤镜之前将背景色改为白色，其中添加一些前景色。

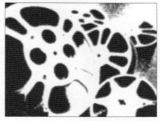

图 7-78　"撕边"滤镜

图 7-79　"水彩画纸"滤镜

在"炭精笔"滤镜对话框中可调整前景色和背景色的色阶，并可在"纹理"下拉列表中选择合适的纹理，Photoshop 提供有"砖形"、"粗麻布"、"画布"和"岩石"4 种纹理，此外，用户还可以通过选择"载入纹理"选项载入存储的 Photoshop 格式的文件作为纹理模板。通过调整下方的"缩放"和"凸现"滑杆可以调整纹理模板的大小及其凹凸程度。在"光照方向"下拉列表框中可选择光源的方向，其中有八种方向可供选择。"反相"复选框用于设置纹理的凹凸部位，

选中该复选框时产生的纹理和不选中时产生的纹理的凹凸部位正好相反。

图 7-80 为执行炭精笔滤镜效果图。前景色和背景色分别为血红色和白色。

● "铬黄"滤镜

"铬黄"滤镜可产生一种液态金属效果，但并不使用前景色和背景色。在执行滤镜后，可使用"色阶"对话框和"色彩平衡"对话框调整图像，使其达到更好的效果。

图 7-80 "炭精笔"滤镜

图 7-81 为执行"铬黄"滤镜并调整"色彩平衡"后的效果图。

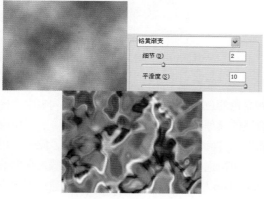

图 7-81 "铬黄"滤镜

8. "纹理"滤镜组

"纹理"滤镜组中滤镜的主要功能是在图像中加入各种纹理，或给图像添加某种质感，产生一些特技效果。

● "拼缀图"滤镜

"拼缀图"滤镜将图像分解为若干个正方形，每个正方形均用图像中该区域的颜色填充。此滤镜随机减小或增大拼贴的深度，以模拟高光和暗调。在该滤镜的对话框可调整正方形的大小和凹凸程度。

图 7-82 所示为执行"拼缀图"滤镜的效果图。

图 7-82 "拼缀图"滤镜

● "染色玻璃"滤镜

"染色玻璃"滤镜将产生不规则分离的彩色玻璃格子，格子内的颜色由该格子内像素颜色的平均值来确定，而边框的颜色则由前景色确定，如图 7-83 所示。在该滤镜的对话框中可设置玻璃"单元格大小"、"边框粗细"和"光照强度"。

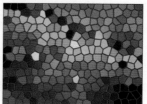

图 7-83 "染色玻璃"滤镜

● "纹理化"滤镜

"纹理化"滤镜的功能是在图像中加入各种纹理，可以是 Photoshop 自带的纹理，也可以是用户载入的纹理。该滤镜对话框的"纹理"选项组与炭精笔滤镜的"纹理"选项组完全相同，故不再赘述。执行"纹理化"滤镜的效果如图 7-84 所示。

图 7-86 所示。

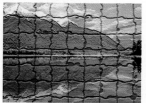

图 7-85 "马赛克拼贴"滤镜

图 7-84 "纹理化"滤镜

上图使用的是 Photoshop 自带的岩石纹理，用户自己载入纹理时，一定要选择 Photoshop (*.PSD) 格式的图像文件。

● "颗粒"滤镜

"颗粒"滤镜通过模拟不同种类的颗粒——常规、软化、喷洒、结块、强反差、扩大、点刻、水平、垂直和斑点，为图像添加纹理。该滤镜类似于不选中"单色"复选框的"添加杂色"滤镜。

● "马赛克拼贴"滤镜

"马赛克拼贴"滤镜可以产生马赛克贴壁的效果。在该滤镜对话框中可设置"拼贴大小"、"缝隙宽度"和"加亮缝隙"等参数，如图 7-85 所示。

● "龟裂缝"滤镜

"龟裂缝"滤镜将图像绘制在一个高凸现的石膏表面上，以循着图像等高线生成精细的网状裂缝，使用此滤镜可以对包含多种颜色值或灰度值的图像创建浮雕效果。"龟裂缝"滤镜效果如

图 7-86 "龟裂缝"滤镜

9. "艺术效果"滤镜组

"艺术效果"滤镜组中的滤镜主要处理计算机绘制的图像，为其添加特殊效果，使图像看起来如手工绘制的一样。

● "塑料包装"滤镜

"塑料包装"滤镜给图像蒙上一层光亮的塑料，以强调图像的表面细节，如图 7-87 所示。

● "壁画"滤镜

"壁画"滤镜以一种粗糙的风格绘制图像，产生古壁画的效果，如图 7-88 所示。

● "干画笔"滤镜

"干画笔"滤镜绘制介于油画和水彩画之间的图像，如图 7-89 所示。

图 7-87 "塑料包装"滤镜

图 7-88 "壁画"滤镜

- "彩色铅笔"滤镜

"彩色铅笔"滤镜可保留图像中重要的颜色边缘，外观呈粗糙阴影线，图像透过比较平滑的区域显示出来，如图 7-90 所示。

- "木刻"滤镜

"木刻"滤镜将图像描绘成好像是由从彩纸上剪下的边缘粗糙的剪纸片组成的。高对比度的图像看起来呈剪影状，而彩色图像看上去是由几层彩纸组成的。"木刻"滤镜效果如图 7-91 所示。

- "水彩"滤镜

"水彩"滤镜以水彩的风格绘制图像，简化

图像细节，就如使用蘸了水和颜色的中号画笔绘制图像。当图像边缘有显著的色调变化时，此滤镜会使颜色饱满。"水彩"滤镜如图 7-92 所示。

图 7-89 "干画笔"滤镜

图 7-90 "彩色铅笔"滤镜

- "海绵"滤镜

"海绵"滤镜使用颜色对比强烈、纹理较重的区域创建图像，使图像看上去好像是用海绵绘制的，如图 7-93 所示。

- "粗糙蜡笔"滤镜

"粗糙蜡笔"滤镜也是需要纹理模板的滤镜，该滤镜模拟彩色粉笔在带纹理的背景上描边的效果。在亮色区域，粉笔看上去很厚，几乎看不见纹理；而在深色区域，粉笔似乎被擦去了，使纹理显露出来。"粗糙蜡笔"滤镜的效果如图7-94所示。

图7-91 "木刻"滤镜

图7-92 "水彩"滤镜

图7-93 "海绵"滤镜

● "胶片颗粒"滤镜

"胶片颗粒"滤镜将平滑图案应用于图像的阴影色调和中间色调，将一种更平滑、饱合度更高的图案添加到图像的亮区。在消除混合的条纹和将各种来源的图素在视觉上进行统一时，此滤镜非常有用。"胶片颗粒"滤镜效果如图7-95所示。

图7-94 "粗糙蜡笔"滤镜

图7-95 "胶片颗粒"滤镜

● "霓虹灯光"滤镜

"霓虹灯光"滤镜将各种类型的发光添加到图像中的对象上，该滤镜在柔化图像外观给图像着色时很有用。"霓虹灯光"滤镜的执行效果如图7-96所示，若要选择一种发光颜色，单击颜色框，并从拾色器中选择一种颜色即可。

图 7-96 "霓虹灯光"滤镜

10. "锐化"滤镜组

"锐化"滤镜主要通过增强相邻像素间的对比度来聚焦模糊的图像，获得清晰的效果。

● "USM 锐化"滤镜

"USM 锐化"是在图像处理中用于锐化边缘的传统胶片复合技术。"USM 锐化"滤镜可校正摄影、扫描、重新取样或打印过程中图像产生的模糊，它对既用于打印又用于联机查看的图像很有用。

"USM 锐化"滤镜按指定的阈值定位不同于周围像素的像素，并按指定的数量增加像素的对比度，此外，用户还可以指定与每个像素相比较的区域半径。"USM 锐化"滤镜的效果如图 7-97 所示。

● "智能锐化"滤镜

"智能锐化"滤镜为 Photoshop CS 新增滤镜。使用此滤镜，可以选择锐化算法，在高级模式下，用户还可以分别对阴影和高光区域的锐化参数进行设置以达到最佳的锐化效果。

我们用"智能锐化"滤镜对图 7-98 所示图像进行锐化。

执行"滤镜"|"锐化"|"智能锐化"命令，打开"智能锐化"对话框，设置较小的半径，能更好地对细节进行锐化，对话框参数设置如图 7-99 所示。

参数设置好后单击"确定"按钮，锐化前后

图像的局部对比如图 7-100 所示。

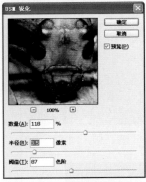

图 7-97 "USM 锐化"滤镜

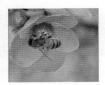

图 7-98 原图

图 7-99 "智能锐化"对话框

在"智能锐化"对话框中的"移去"下拉列表中可选取锐化的方式：高斯模糊、镜头模糊和动感模糊，用户可根据图像模糊的方式来选取相应的锐化方式。单击对话框中的"高级"单选按钮，还可对阴影和高光的参数进行详细设置，以达到最佳锐化效果。如图 7-101 所示。

图 7-100 锐化前后局部图像对比

图 7-101 "高级"设置

- "锐化"和"进一步锐化"滤镜

"锐化"滤镜和"进一步锐化"滤镜的主要功能都是提高相邻像素点之间的对比度，使图像清晰，其不同在于"进一步锐化"滤镜比"锐化"滤镜的效果更为强烈。

- "锐化边缘"滤镜

"锐化边缘"滤镜会自动查找图像中颜色发生显著变化的区域，然后将其锐化，从而得到较清晰的效果。该滤镜只锐化图像的边缘，同时保留总体的平滑度，不会影响图像的细节。

11. "风格化"滤镜组

"风格化"滤镜组中的滤镜通过置换像素和通过查找并增加图像的对比度，在图像中产生绘画或印象派的效果。

- "凸出"滤镜

"凸出"滤镜给图像添加一种特殊的 3D 纹理，它将图像分成一系列大小相同但有机重叠放置的立方体或锥体，如图 7-102 所示。

图 7-102 "凸出"对话框

在"凸出"对话框中可设置凸出纹理的类型（块形或金字塔形即锥形），大小和深度及其产生方式（随机或基于色阶）。此外，还可通过选择下方的两个复选框来设置纹理的显示方式，选中"立方体正面"复选框，则图像将失去原有的轮廓，在生成的立方体上只显示单一的颜色；选中"蒙版不完整块"复选框，则在生成的图像中将不完全显示立方体纹理。

- "扩散"滤镜

"扩散"滤镜根据设置的方式移动图像中的像素，该滤镜对话框中有四种扩散模式："正常"模式，忽略图像颜色值，使像素随机移动；"变暗优先"模式，用较暗的像素替换图像中较亮的像素；"变亮优先"模式，用较亮的像素替换图像中较暗的像素；"各向异性"模式，在颜色值变化最小的方向上移动像素。扩散滤镜的效果如图 7-103 所示。

- "拼贴"滤镜

"拼贴"滤镜为图像添加拼贴效果，如图 7-104 所示。在该滤镜对话框中可设置用前景色、背景色、反相的图像或原图像来填充拼贴之间的区域。

- "查找边缘"滤镜

"查找边缘"滤镜主要用于搜索颜色像素对比度变化强烈的边界，用相对于白色背景的黑色线条勾勒图像的边缘，如图7-105所示。

图7-103 "扩散"滤镜

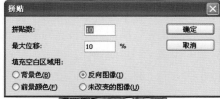

图7-104 "拼贴"滤镜

图7-105 "查找边缘"滤镜

- "浮雕效果"滤镜

"浮雕效果"滤镜将图像转换为灰色，并用原图像的颜色来描绘边缘，产生浮雕效果，如图7-106所示。在该滤镜对话框中可设置光源的角度、浮雕的高度和数量等参数。

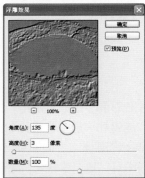

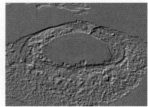

图7-106 "浮雕效果"滤镜

- "照亮边缘"滤镜

"照亮边缘"滤镜搜索主要颜色变化区域，加强其过渡像素，产生轮廓发光的效果，如图7-107所示。在该滤镜对话框中可设置"边缘宽度"、"边缘亮度"和"平滑度"。

- "等高线"滤镜

"等高线"滤镜查找图像中颜色变化明显的区域，并未每个颜色通道勾勒出等高线的效果，如图 7-108 所示。

图 7-107 "照亮边缘"滤镜

图 7-108 "等高线"滤镜

在"等高线"滤镜对话框的色阶对话框中输入数值或拖动下方的滑杆可指定色阶区域，指定色阶区域后，在"边缘"选项组中选中"较低"单选按钮，则勾勒像素的颜色值将低于指定色阶

的区域；若选中"较高"单选按钮，则勾勒像素的颜色值将高于指定色阶的区域。

- "风"滤镜

"风"滤镜在图像中生成细小的水平线条来模拟风的效果。在该滤镜的对话框中可设置风的"方向"（从左或从右）和三种起风的方式："风"，"大风"（用于获得风生动的风效果）和"飓风"（使图像中风线条发生偏移）。

"风"滤镜的效果如图 7-109 所示。

12. "视频"滤镜组

"视频"滤镜组中包含 NTSC 滤镜和"逐行"滤镜。

图 7-109 "风"滤镜

- NTSC 滤镜

NTSC 滤镜将色域限制在电视机重现可接受的范围内，以防止过饱和颜色渗到电视扫描行中。

- "逐行"滤镜

"逐行"滤镜通过移去视频图像中的奇数或偶数隔行线，使在视频上捕捉的运动图像变得平滑。用户可以选择通过复制或插值来替换扔掉的线条。

13. "其他"滤镜组

"其他"滤镜组中的滤镜允许用户创建自己的滤镜、使用滤镜修改蒙版、在图像中使选区发生位移和快速调整颜色等。

- "位移"滤镜

"位移"滤镜将选区内的图像按指定的水平量或垂直量进行移动，而选区的原位置变成空白区域。用户可以用当前背景色、图像的边缘像素填充这块区域，或者如果选区靠近图像边缘，也可以使用被移出图像的部分对其进行填充（折回）。"位移"滤镜的效果如图 7-110 所示。

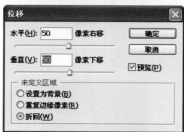

图 7-110 "位移"滤镜

- "最大值"和"最小值"滤镜

"最大值"滤镜用于加强图像的亮部色调，削弱暗部色调；"最小值"滤镜刚好相反，它加强图像的暗部色调，削弱亮部色调。

- "自定"滤镜

"自定"滤镜使用户可以设计自己的滤镜效果。使用"自定"滤镜，根据预定义的数学运算

（称为卷积），可以更改图像中每个像素的亮度值，根据周围的像素值为每个像素重新指定一个值。此操作与通道的加、减计算类似。"自定"滤镜对话框如图 7-111 所示。

"自定"滤镜对话框的中间为一个 5×5 的矩阵，正中间的格子代表要处理的目标像素，其余的格子则代表它周围相对应的像素。格子内的数值为每个像素的参数值，参数的大小代表这个像素的色调对目标像素的影响力的大小，其变化范围为-999～999。

图 7-111 "自定"滤镜对话框

利用"自定"滤镜可以自己创建浮雕、锐化和模糊等效果，其功能非常强大，读者应该在实践中自己尝试，创建复合自己需要的滤镜效果。

14. Digimarc 滤镜组

Digimarc 滤镜组中包含"嵌入水印"和"读取水印"两个滤镜。

- "嵌入水印"滤镜

使用"嵌入水印"滤镜可以将版权信息添加到 Photoshop 图像中，并通知用户图像的版权已通过使用 Digimarc PictureMarc 技术的数字水印受到保护。人眼一般看不见水印，它是作为杂色添加到图像中的数字代码。水印可以数字和打印形式长久保存，并且在经历典型的图像编辑和文件格式转换后仍然存在。当打印出图像然后扫描回计算机时，仍可检测到水印。

- "读取水印"滤镜

"读取水印"滤镜用于阅读图像中的数字水印内容，当图像中含有数字水印信息，则在该图像的标题栏和状态栏上会显示一个 C 符号。

在图像中嵌入数字水印可使查看者获得关

于图像创作者的完整联系信息，此功能对于将作品授权给他人的图像创作者特别有价值。拷贝带有嵌入水印的图像时，水印和与水印相关的任何信息也被复制。

7.1.3 外挂滤镜介绍

为 Photoshop 而设计的外挂滤镜种类繁多，这些外挂滤镜各有特点，使用起来非常方便，使用户能够便捷地制作各种特殊效果。

在使用外挂滤镜之前，必须先安装该滤镜。对于不带安装程序的滤镜，用户只需将其对应的文件复制到 Program Files\Adobe\Photoshop CS\Plug-Ins 文件夹中即可。对于带有安装程序的滤镜，在安装时必须将其安装路径设置为 Program Files\Adobe\Photoshop CS\Plug-Ins。安装好外挂滤镜之后，启动 Photoshop CS，这些滤镜将出现在"滤镜"菜单中，用户就可像使用 Photoshop 自带滤镜那样使用它们了。

本节向读者介绍几种常用的外挂滤镜。

1．KTP6 滤镜

KTP6 滤镜是 Photoshop 外挂滤镜中最为独特的滤镜，其操作界面经过精心设计，简洁耐看，下面介绍 KPT 6 中比较有特色的几种滤镜。

- KPT Goo 滤镜

KPT Goo 滤镜类似于"液化"命令（见7.1.1.2），利用该滤镜可在图像中产生液体流动的效果，如图 7-112 所示。

图 7-112 KPT Goo 滤镜

在图中左侧的 Goo Brush 对话框中可设置笔刷的尺寸、流量及制作漩涡和扩展、收缩效果时

的变形速度。当得到一种图像状态时，可单击下方的电影胶片方格，将其定义为动画的一帧，定义若干帧后，单击 Preview 按钮，可连续地播放多帧组成的动画剪辑。若相邻两帧的图像差异较大，系统将自动为其创建过渡，使动画能够流畅地播放。但是，Photoshop 只能得到静态的图像，用户可以在动画的若干帧中选出满意的效果，然后单击右下方的✓按钮应用滤镜。也可单击✗按钮取消滤镜操作。

- KPT LensFlare 滤镜

KPT LensFlare 滤镜用于为图像添加光晕效果，类似于镜头光晕滤镜（见 7.1.2.5），如图 7-113 所示。

图 7-113 KPT LensFlare 滤镜

单击左下角的按钮，可打开如图 7-114 所示的对话框，从中可选择 KPT 滤镜自带的各种光晕类型。

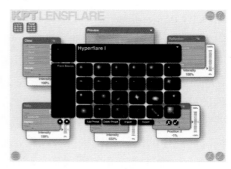

图 7-114 选择光晕类型

- KPT Materializer 滤镜

KPT Materializer 滤镜可将各种材质的纹理应用到图像当中，利用该滤镜可以为图像表面制作浮雕、变形、染色、反射和散射等多种纹理效

果，如图 7-115 所示。

预览图中灰色矩形框定义了左侧 Material 对话框的预览区域，将鼠标移至预览图中单击并拖动可改变其位置。

单击左下角的⬤按钮，将打开如图 7-116 所示的对话框，从中可选择 KTP 滤镜自带的各种类型的纹理，也可载入用户自定义的纹理。

图 7-115　KPT Materializer 滤镜

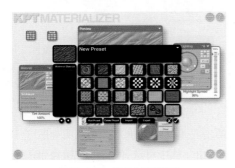

图 7-116　选择纹理类型

● KPT Projector 滤镜

KPT Projector 滤镜是一个集成的 2D 和 3D 变形工具，利用滤镜中提供的各种工具，用户可以任意地图像进行 2D 扭曲变形和 3D 透视变换，如图 7-117 所示。

若选中 Parameters 对话框中的 Tiling 选项，滤镜将以选区中的图像为模板拼合图像，如图 7-117 中所示。单击左下角的⬤按钮，将打开一对话框，用户可从中选择 KTP 自带的各种变形模板。

● KPT SkyEffects 滤镜

KPT SkyEffects 滤镜用于产生各种天空的云彩和光照效果，该滤镜对话框如图 7-118 所示。

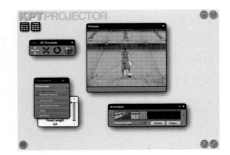

图 7-117　KPT Projector 滤镜

图 7-118　KPT SkyEffects 滤镜

对话框中有类似于 Photoshop 图层控制面板的图层控制区，在该区域可控制各层的显示，产生不同的天空景象。此外，在对话框中还可调整太阳、月亮和云彩的各种参数。

单击对话框右上角的▦按钮，将打开如图 7-119 所示的对话框，其中列出了 KTP 自带的 5 种天空类型，用户可选择任何一种天空类型中的任意一种景象，还可将其放入用户类型框（User Presets）中。

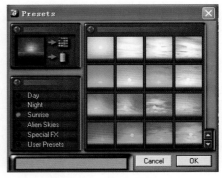

图 7-119　天空类型对话框

● KPT Turbulence 滤镜

KPT Turbulence 滤镜动态模拟液体的流动，

用户应首先单击左下角的 ⬤ 按钮，在打开的对话框中选择要模拟的液体流动类型，然后用鼠标在图像编辑窗口中单击，则系统将从单击处开始模拟液体的流动，在图像编辑窗口中拖动鼠标也可驱动液体流动。用户可通过单击图像编辑窗口下方的按钮组 来选择希望得到的图像状态。KPT Turbulence 滤镜的执行效果如图 7-120 所示。

图 7-120　KPT Turbulence 滤镜

2．Eye Candy4000 滤镜

Eye Candy 滤镜也是常用的外挂滤镜之一，Eye Candy4000 是其比较新的版本。

Eye Candy4000 滤镜就如一个小型的图像处理软件，它拥有自己的窗口和菜单，在 Filter 菜单中列出了所有的滤镜命令，如图 7-121 所示。如果对当前选择的滤镜命令不满意，可以在不退出 Eye Candy4000 的情况下利用 Filter 菜单方便地更改滤镜命令。

图 7-121　Eye Candy4000 滤镜

从图中可看出，Eye Candy4000 拥有 20 余种滤镜命令，每个命令都有各自的特点，下面通过实例简单介绍部分滤镜的用途。

- Bevel Boss 滤镜

Bevel Boss 滤镜产生斜面浮雕的玻璃效果，如图 7-122 所示。

- Chrome 滤镜

Chrome 滤镜为图像添加金属质感的立体边框，如图 7-123 所示。其中，边框的颜色、厚度、光泽度等均可在 Eye Candy4000 窗口左侧的属性页上调节。

图 7-122　Bevel Boss 滤镜

- Corona 滤镜

该滤镜在选区的图像边缘产生柔和的放射状波纹，如图 7-124 所示。波纹的颜色、扩展范围、扭曲度、模糊程度和不透明度均可调节。

提示
在执行Corona滤镜前必须先制作选区，或者在图像中存在不透明区域，该滤镜才可用。

图 7-123　Chrome 滤镜

- Cutout 滤镜

Cutout 滤镜的作用是将选区内的内容剪切掉，再在底层填充用户指定的颜色，并添加投影效果，如图 7-125 所示。其实，手工操作也能完

成这一功能，具体步骤如下：删除选区内容、新建图层（原图层之下）、填充颜色、为原图层添加投影效果、合并图层，供 5 个操作步骤，而使用 Cutout 滤镜命令，一步就能完成，这就是使用滤镜的好处。

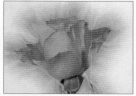

图 7-124　Corona 滤镜

图 7-125　Cutout 滤镜

- Drip 滤镜

Drip 滤镜模拟粘性液体沿物体表面滑下的效果，如图 7-126 所示。液滴的颜色、大小、长度和光亮度等均可调节。

- Fire 滤镜

Fire 滤镜在选区上部产生火焰效果，如图 7-127 所示。

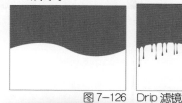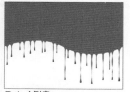

图 7-126　Drip 滤镜

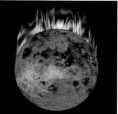

图 7-127　Fire 滤镜

- Glass 滤镜

Glass 滤镜为图像添加玻璃效果，使图像看

起来就如被压在玻璃下一样，如图 7-128 所示。玻璃的颜色、厚度、平滑度、不透明度及其轮廓均可调节。

图 7-128　Glass 滤镜

- Jiggle 滤镜

Jiggle 滤镜使选区内图像发生扭曲，可以选择 3 种扭曲方式：Bubbles 方式、Brownian Motion 方式和 Turbulence 方式，并可设置扭曲数量等参数。

图 7-129 为执行 Jiggle 滤镜的效果图，其中选择的是 Brownian Motion 方式。

图 7-129　Jiggle 滤镜

- Marble 滤镜

Marble 滤镜生成大理石纹理，如图 7-130 所示。

提示
Marble滤镜不需要对图像进行处理。

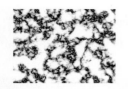

图 7-130 Marble 滤镜

- Star 滤镜

Star 滤镜在图像中生成星形,如图 7-131 所示。星形角的数目、大小、位置以及颜色均可调节。

- Swirl 滤镜

Swirl 滤镜在图像中产生紊乱的漩涡效果,如图 7-132 所示。

图 7-131 Star 滤镜

- Water Drops 滤镜

Water Drops 滤镜在图像中生成液滴,产生透过液体观察图像的效果。液滴可以是圆球形,也可以是无规则形状,如图 7-133 所示。液滴的颜色、大小、数量、不透明度和光泽度等均可调节。

图 7-132 Swirl 滤镜

- Weave 滤镜

Weave 滤镜是非常有特色的一个滤镜,它以当前图像为模板生成编织纹理,就如将图像映射道有编织纹理的材质上一样,如图 7-134 所示。纹理的大小、粗糙度、明暗度、纹理缝隙的填充颜色等均可调节。

图 7-133 Water Drops 滤镜

- Wood 滤镜

Wood 滤镜可生成木质纹理,如图 7-135 所示。纹理的颜色、扭曲形状、杂点的数目及大小等参数均可调节。和 Marble 滤镜一样,Wood 滤镜不需要对图像进行处理。

图 7-134 Weave 滤镜

3. Xenofex1.0 滤镜

Xenofex1.0 也是非常著名的一组滤镜,利用该组滤镜可以轻松地制作闪电、褶皱、裂纹等效果。Xenofex1.0 滤镜的操作界面如图 7-136 所示。

操作界面的上半部分为参数设置区，下半部分为预览区。用户可在 Settings 下拉列表中选择上次使用的滤镜效果或 Xenofex1.0 自带的滤镜效果，并可将当前设置的滤镜效果保存。

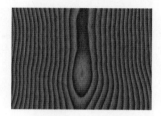

图 7-135　Wood 滤镜

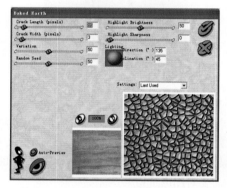

图 7-136　Xenofex1.0 滤镜的操作界面

下面通过实例介绍 Xenofex1.0 中部分滤镜的用途。

- Barked Earth 滤镜

Barked Earth 滤镜土地干裂的效果，如图 7-137 所示。

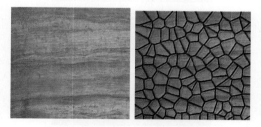

图 7-137　Barked Earth 滤镜

- Constellation 滤镜

Constellation 滤镜以原图像的像素为基础，模拟宇宙中的星云效果，如图 7-138 所示。

- Crumple 滤镜

Crumple 滤镜模拟褶皱的纸张的效果，如图 7-139 所示。

图 7-138　Constellation 滤镜

- Electrify 滤镜

Electrify 滤镜以选区内的图像为中心，在选区边缘产生发散状的闪电效果，如图 7-140 所示。闪电的颜色和其随机生成的形状均可调整。

提示
在执行Electrify滤镜前必须先制作选区，或者在图像中存在不透明区域，该滤镜才可用。

图 7-139　Crumple 滤镜

- Flag 滤镜

Flag 滤镜模拟旗帜飘动的效果，如图 7-141

所示。

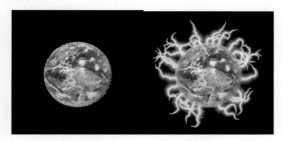

图 7-140　Electrify 滤镜

图 7-141　Flag 滤镜

- Lightning 滤镜

Lightning 滤镜在图像中产生闪电效果，如图 7-142 所示。闪电的颜色及光晕颜色、分支数、弯曲程度均可调节。

图 7-142　Lightning 滤镜

- Little Fluffy Clouds 滤镜

LittleFluffyClouds 滤镜为图像添加绒毛式云彩，如图 7-143 所示。云彩的颜色、饱和度以及图像的覆盖程度均可调节。

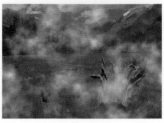

图 7-143　Little Fluffy Clouds 滤镜

- Puzzle 滤镜

Puzzle 滤镜为图像生成拼图效果，如图 7-144 所示。拼图分块行数、列数以及分块的浮雕效果均可调节。

- Shatter 滤镜

Shatter 滤镜将图像分成若干不规则的块状，然后再将它们错乱放置，产生一种混乱的效果，如图 7-145 所示。

图 7-144　Puzzle 滤镜

- Shower Door 滤镜

Shower Door 滤镜模糊图像，模拟一种透过沾满水蒸气的玻璃观察图像的效果，如图 7-146 所示。

图 7-145　Shatter 滤镜

- Stamper 滤镜

Stamper 滤镜以选区内的图像为模板对选区进行无缝拼贴，如果未制作选区，就处理图像的整个区域，如图 7-147 所示。

图 7-146　Shower Door 滤镜

图 7-147　Stamper 滤镜

7.2　滤镜的应用

滤镜的用途很广泛，无论是用 Photoshop 对图像进行后期处理，还是进行图像创作，几乎都要用到滤镜命令。滤镜就如一个变戏法的魔术师，它隐藏了许多用户看不见的操作细节，仅仅通过一个简单的命令，就将结果呈现给用户，给用户带来极大的方便。其实，许多滤镜命令产生的效果也可通过手工操作完成，但那将耗费大量的工作时间，也没有必要。因此，领会滤镜的功能、熟练掌握滤镜的操作，是用好 Photoshop 的关键。

滤镜的种类很多，每个滤镜都有自己的独特之处。但是，一个滤镜的功能还是显得太单一，一幅完整的作品往往包含了许许多多滤镜的操作，如何在适当的地方使用恰当的滤镜就成为学习滤镜的难点。因此，读者应该在实践中多加练习，熟悉各种滤镜的使用方法，在制作较复杂的作品时，学会根据不同的需要使用不同的滤镜，达到令人满意的效果。如果能做好这一点，就能比较熟练地操作 Photoshop 了。

图 7-148 所示为笔者早期的一幅作品（bodybo 为笔者的别名），该作品的制作其实很简单，主要使用了 Photoshop 自带的滤镜和外挂 Eye Candy 滤镜中的部分命令，完成后的效果还是差强人意的。

图 7-148 示意图

图 7-149 也是一幅主要使用滤镜命令完成的作品，其中的背景图案和数字的动感效果都是使用 Photoshop 自带的滤镜完成的。

在前面的章节中，读者已经接触到了部分滤

镜，了解了其在实际中的应用。由于滤镜的种类太多，每个滤镜的用途无法全部涉及到，这里只能通过部分实例介绍部分常用滤镜的应用。

图 7-149 示意图

7.2.1 背景

我们来看看图 7-157 的背景是如何制作的。

（1）新建一 400×300 的 RGB 图像，背景设置为黑色，如图 7-150 所示。

（2）执行"滤镜"｜"杂色"｜"添加杂色"命令，参数设置和执行结果如图 7-151 所示。

（3）执行"滤镜"｜"纹理"｜"颗粒"命令，在颗粒滤镜对话框中选择"垂直"颗粒类型，参数设置和执行结果如图 7-152 所示。

图 7-150 新建图像

图 7-115 添加杂色

（4）执行"滤镜"｜"素描"｜"水彩画纸"

命令，参数设置和执行结果如图 7-153 所示。

（5）执行"图像"｜"调整"｜"色阶"命令，调整图像的色阶，"色阶"对话框和调整后的图像如图 7-154 所示。

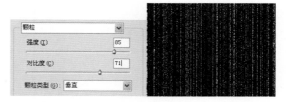

图 7-152 颗粒纹理

图 7-153 "水彩画纸"滤镜

（6）执行"图像"｜"调整"｜"色相/饱和度"命令，调整图像颜色，注意选中"着色"复选框，执行结果如图 7-155 所示。

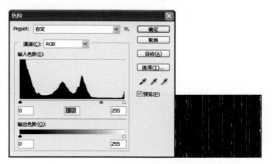

图 7-154 "色阶"调整

7.2.2 木版画

利用滤镜可以制作在木版上刻画的效果。这个实例介绍如何利用"渲染"、"杂色"等滤镜制作木质纹理，以及利用"风格化"、"纹理"等滤镜模拟刻画效果。

（1）新建一 600×450 的 RGB 图像，背景设置为透明，如图 7-156 所示。

（2）设置前景色为 R：247，G：148，B：29，

背景色为 R：96，G：57，B：19，然后执行"滤镜"｜"渲染"｜"云彩"命令，结果如图 7-157 所示。

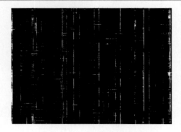

图 7-155　给图像着色

（3）执行"滤镜"｜"杂色"｜"添加杂色"命令，对话框参数设置和执行结果如图 7-158 所示。

图 7-156　新建图像

图 7-157　"云彩"滤镜

（4）执行"滤镜"｜"模糊"｜"动感模糊"

命令，对话框参数设置和此时图像如图 7-159 所示。

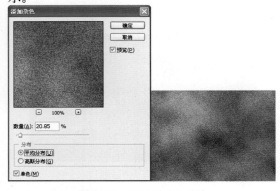

图 7-158　"添加杂色"滤镜

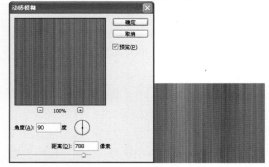

图 7-159　"动感模糊"滤镜

（5）制作一矩形选区，并执行"滤镜"｜"扭曲"｜"旋转扭曲"命令，对话框参数设置和执行结果如图 7-160 所示。木版的制作完成。

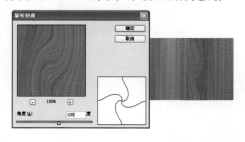

图 7-160　"旋转扭曲"滤镜

（6）打开如图 7-161 所示的素材图像。

（7）执行"滤镜"｜"风格化"｜"查找边缘"命令，结果如图 7-162 所示。

（8）选择"图像"｜"模式"｜"灰度"菜单，将该图转换为灰度模式，此时图像如图 7-163 所示。

图 7-161　素材图像

图 7-162 "查找边缘" 滤镜

（9）执行 "图像" | "调整" | "色阶" 命令，适当调整色阶，减少杂色，如图 7-164 所示。

图 7-163　将图像转换为灰度模式

图 7-164　"色阶" 调整

（10）将此灰度模式的文件存储为 PSD 格式的文件。

（11）回到主图（木版），执行 "滤镜" | "纹理" | "纹理化" 命令，在 "纹理" 下拉列表中选择 "载入纹理" 选项，载入刚存储的 PSD 文件。对话框参数设置和执行结果如图 7-165 所示。

图 7-165　执行 "纹理化" 滤镜后的最终效果

7.2.3　黏液

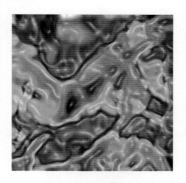

这个实例介绍如何利用滤镜制作流动的黏液效果。

（1）新建一 400×400 的 RGB 图像，背景设置为透明，如图 7-166 所示。

（2）按 D 键设置前景色和背景色为黑色和白色，执行 "滤镜" | "渲染" | "云彩" 命令，结果如图 7-167 所示。

（3）执行 "图像" | "调整" | "色阶" 命令，调整色阶，"色阶" 对话框和调整效果如图 7-168 所示。

（4）执行"滤镜"｜"模糊"｜"高斯模糊"命令，对话框参数设置和执行结果如图 7-169 所示。

图 7-166　新建图像

图 7-167　"云彩"滤镜

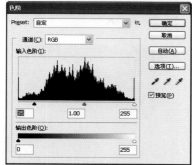

图 7-168　"色阶"调整

（5）执行"滤镜"｜"素描"｜"铬黄"命令，对话框参数和执行结果设置如图 7-170 所示。

（6）执行"滤镜"｜"艺术效果"｜"塑料包装"命令，对话框参数设置和此时图像如图 7-171 所示。

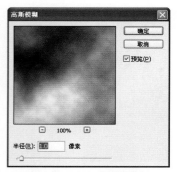

图 7-169　"高斯模糊"滤镜

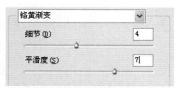

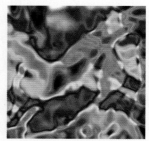

图 7-170　"铬黄"滤镜

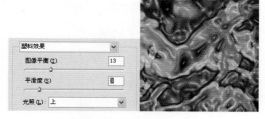

图 7-171　"塑料包装"滤镜

（7）执行"图像"｜"调整"｜"色相/饱和度"命令，给黏液着色，注意选中"着色"复选框，可以尝试多种不同的颜色，如图 7-172 所示。

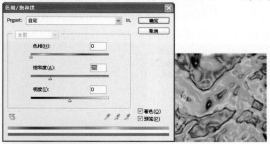

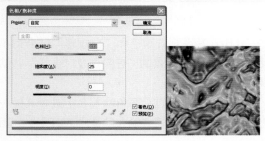

图 7-172　给图像着色

7.2.4　桌面

这个实例介绍如何利用滤镜制作简洁娓美的桌面，图中"白玫瑰"的形状和文字的动感效果主要用"模糊"滤镜制作完成。

（1）新建一 600×450 的 RGB 文档，背景设置为透明，如图 7-173 所示。

图 7-173　新建图像

（2）填充深蓝色，如图 7-174 所示。

（3）执行"滤镜"｜"渲染"｜"光照效果"

命令，"光照类型"选择"全光源"，对话框参数设置和执行结果如图 7-175 所示。

图 7-174　填充蓝色

（4）复制"图层 1"为"图层 1 副本"，并将其放置于"图层 1"之下。对"图层 1"执行"滤镜"｜"纹理"｜"拼缀图"命令，为图像添加拼缀图纹理，如图 7-176 所示。

（5）执行"滤镜"｜"模糊"｜"动感模糊"命令，然后将"图层 1"的不透明度调为 15%，"动感模糊"对话框参数设置和执行结果如图 7-177 所示。

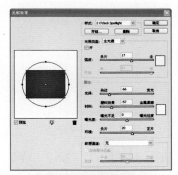

图 7-175　添加光照效果

图 7-176　拼缀图滤镜

217

图 7-177　"动感模糊"滤镜

（6）制作"白玫瑰"。新建"图层 2"，制作如图 7-178 所示的椭圆选区。

图 7-178　制作选区

（7）执行"编辑"｜"描边"命令，以 2 个像素宽度的白色描边选区，如图 7-179 所示。

图 7-179　描边选区

（8）执行"滤镜"｜"模糊"｜"径向模糊"命令，选择"旋转"方式，执行完毕后按 Ctrl+F 键再次重复该滤镜，"径向模糊"对话框和执行结果如图 7-180 所示。

（9）反复重复以上步骤，制作椭圆选区时适

当改变其大小和方向，最后合并这些图层，结果如图 7-181 所示。为避免不必要的重复操作，可将描边和径向模糊命令录制为一个动作。

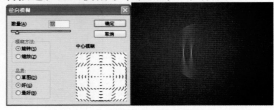

图 7-180　"径向模糊"滤镜

（10）发现背景颜色和"白玫瑰"融合得不太好，适当调整背景的"色阶"及"曲线"，结果如图 7-182 所示。

（11）在画面的右下角输入名字或者其他一些有意义的字符，笔者输入的是"[PIPI]"，如图 7-183 所示。

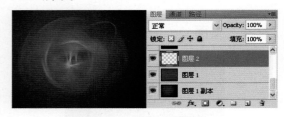

图 7-181　制作"白玫瑰"

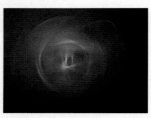

图 7-182　调整背景的"色阶"和"曲线"后的效果

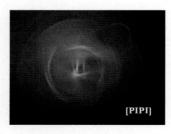

图 7-183　输入文字

（12）栅格化文字层为普通图层，用矩形选

择工具选中"PIPI",然后在选区内右击鼠标,选择"通过剪切的图层"选项,将"PIPI"放入另外一个新层中。将"PIPI"稍稍下移,并复制两个副本放置于该层之下,此时图像和图层控制面板如图 7-184 所示。

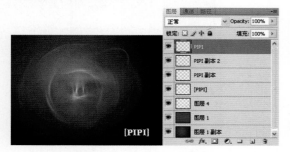

图 7-184 复制"PIPI"图层

(13)对"PIPI 副本"图层执行"滤镜"|"模糊"|"动感模糊"命令,"角度"设置为 0 度,如图 7-185 所示。

(14)对"PIPI 副本 2"图层执行"滤镜"|"模糊"|"动感模糊"命令,"角度"设置为 90 度,最终效果如图 7-186 所示。

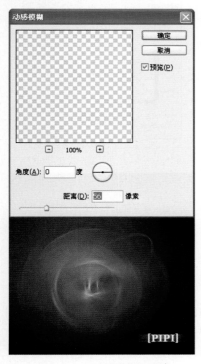

图 7-185 "动感模糊"滤镜

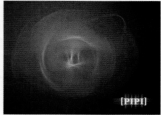

图 7-186 执行"动感模糊"滤镜后的最终效果

7.2.5 界面

在第 2 章的实例中已经见到过这个界面,现在来看一看它的制作过程。

(1)新建一 500×340 的 RGB 图像,背景图层设置为白色,制作如图 7-187 所示矩形选区。

(2)新建"图层 1",用渐变工具制作渐变效果,如图 7-188 所示。

图 7-187 新建图像并制作选区

(3)为制作纹状效果,首先对"图层 1"执行"滤镜"|"杂色"|"添加杂色"命令,参数设置和执行结果如图 7-189 所示。

(4)执行"滤镜"|"模糊"|"动感模糊"

命令, 参数设置和执行结果如图 7-190 所示。此时, 纹状效果已基本显现出来。

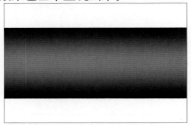

图 7-188 制作渐变

(5) 为了增加圆柱体效果, 执行"图像"|"调整"|"曲线"命令, 打开"曲线"调整对话框, 参数设置和调整结果如图 7-191 所示, 也可根据实际操作适当调整"曲线"。

(6) 下面制作圆柱两边的部分, 首先用魔术棒工具选择图中上部的白色区域, 如图 7-192 所示。

(7) 新建"图层 2", 制作如图 7-193 所示渐变效果, 下面的颜色深些, 接近圆柱边界的颜色。

图 7-189 "添加杂色"滤镜

(8) 给"图层 2"添加杂色, 和步骤 (3) 的命令相同, 参数设置和执行结果如图 7-194 所示。

(9) 保持选区, 执行"滤镜"|"模糊"|"动感模糊"命令, 参数设置和执行结果如图 7-195所示。

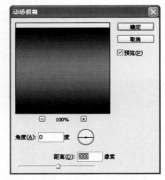

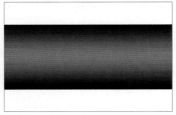

图 7-190 "动感模糊"滤镜

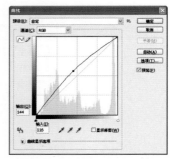

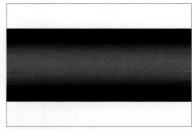

图 7-191 "曲线"调整

(10) 选择矩形选择工具, 制作如图 7-196所示的长条形选区。

(11) 新建"图层 3"。选择渐变工具, 颜色由白渐变到黑, 用对称渐变从选区中央向上或向下拉动制作小圆柱条，如图 7-197 所示。

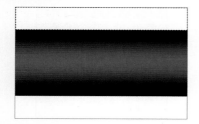

图 7-192 制作选区

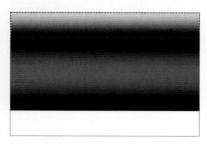

图 7-193 制作渐变

（12）把"图层 3"合并到"图层 2"中（选中"图层 3"，按下 Ctrl+E 组合键或执行"图层"｜"向下合并"命令），并复制"图层 2"，得到新的"图层 3"。对"图层 3"中的图像执行"编辑"｜"变换"｜"旋转 180 度命令"，并将其移至下方白色位置。如图 7-198 所示。

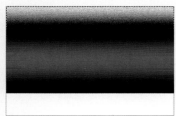

图 7-194 "添加杂色"滤镜

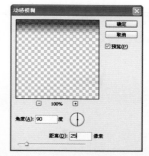

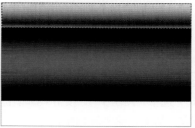

图 7-195 "动感模糊"滤镜

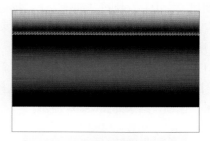

图 7-196 用矩形选择工具制作选区

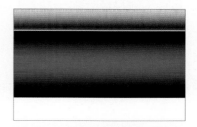

图 7-197 制作渐变

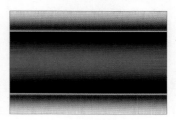

图 7-198 复制并变换图层

（13）合并"图层 2"与"图层 3"（得到图

221

层2），执行"图像"｜"调整"｜"色彩平衡"命令调整颜色，调整效果自己掌握，如图 7-199 所示。

图层样式，最终效果如图 7-205 所示。

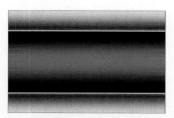

图 7-199 "色彩平衡"调整

（14）用椭圆形选择工具制作如图 7-200 所示圆形选区。

（15）选中"图层 1"，按下 Delete 键删除选区内内容，结果如图 7-201 所示。

（16）新建"图层 3"（原"图层 3"已合并到"图层 2"中），执行"编辑"｜"描边"命令，"描边"对话框参数设置和描边结果如图 7-202 所示。

（17）双击"图层 3"，为该层添加"斜面和浮雕"图层样式，在"样式"下拉列表中选择"浮雕效果"选项，结果如图 7-203 所示。

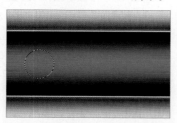

图 7-200 用椭圆形选择工具制作圆形选区

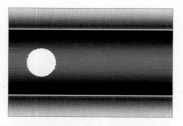

图 7-201 删除"图层 1"选区内内容

（18）重复（15）～（17）步，得到如图 7-204 所示效果。

（19）双击"图层 1"，给该层添加"投影"

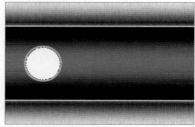

图 7-202 描边选区

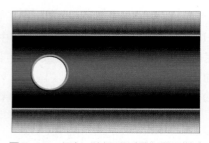

图 7-203 添加"斜面和浮雕"图层样式

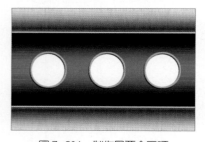

图 7-204 制作另两个圆环

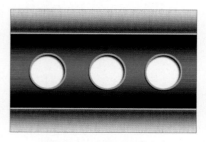

图 7-205 最终效果图

7.2.6 Fantastic World——图层、通道、路径、滤镜的综合运用

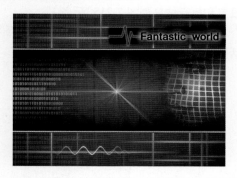

这是一个综合性的实例，其制作过程涵盖了图层（如图层蒙版，图层样式）、通道（如 Alpha 通道存储选区）、路径（如使用型工具）和各种滤镜的应用。

通过这个实例，读者应该掌握几种滤镜的特殊用途（如"波浪"滤镜制作背景）和对光的一些处理技巧。此外，操作中对大部分命令均使用快捷键，这样提高工作效率。

接下来让我们进入实例的制作。

（1）新建一 800×600 的 RGB 图像，背景设置为透明，如图 7-206 所示。

图 7-206　新建图像

（2）以蓝色填充图像，如图 7-207 所示。

图 7-207　填充蓝色

（3）用矩形选择工具制作如图 7-208 所示选区。

图 7-208　制作矩形选区

（4）新建"图层 2"，选择渐变工具，设置白色到蓝色渐变，并选择"对称"渐变方式，制作渐变图案如图 7-209 所示。

（5）按 Ctrl+L 打开"色阶"对话框，调整"色阶"，如图 7-210 所示。

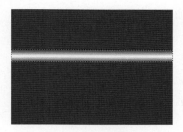

图 7-209　制作渐变

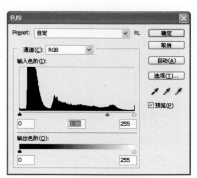

图 7-210　"色阶"调整

（6）按 Ctrl+T 变换图像，并将其移至如图 7-211 所示位置。

图 7-211　变换图像

（7）复制"图层 2"得到其副本图层，并将副本图层图像移至下方，再将该层与"图层 2"合并得到"图层 2"，此时图像如图 7-212 所示。

（8）用魔术棒工具分别选取如图 7-213 和图 7-214 所示的两个区域，并存储为 Alpha1 通道和 Alpha2 通道。

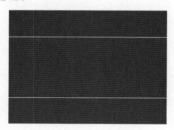

图 7-212　复制图像

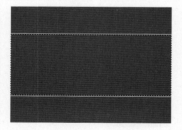

图 7-213　制作并存储选区

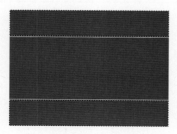

图 7-214　制作并存储选区

（9）为"图层 1"添加光照效果，执行"滤镜"｜"渲染"｜"光照效果"命令，对话框参数设置和执行结果如图 7-215 所示。

（10）执行"滤镜"｜"扭曲"｜"波浪"命令，对话框参数设置和执行结果如图 7-216 所示。

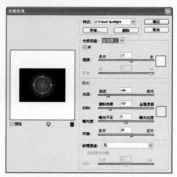

图 7-215　添加光照效果

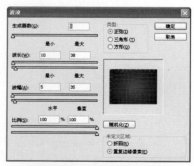

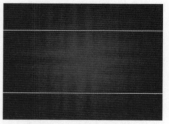

图 7-216　"波浪"滤镜

（11）新建"图层 3"，选择画笔工具，在图中绘制如图 7-217 所示的浅蓝色竖直线条。

（12）执行"滤镜"｜"模糊"｜"动感模糊"命令，设置"角度"为 90°，"距离"为 200 个像素，结果如图 7-218 所示。

（13）执行"滤镜"｜"模糊"｜"高斯模糊"命令，模糊半径为 1 个像素。然后按住 Ctrl 键单击"图层 3"，载入该层选区，执行"选择"｜"修改"｜"收缩"命令，将选区收缩 2 个像素，再填充白色，如图 7-219 所示。

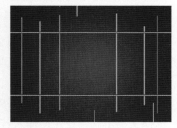

图 7-217　绘制竖直线条

图 7-218　"动感模糊"滤镜

图 7-219　处理竖直线条

（14）新建"图层 4"，按上述方法制作水平线条，注意"动感模糊"的"角度"为 0°，结果如图 7-220 所示。

（15）合并"图层 4"到"图层 3"中，按 Ctrl+U 打开"色相/饱和度"对话框，调整色相及饱和度，如图 7-221 所示。

（16）按 Ctrl+L 打开"色阶"对话框，调整"色阶"，如图 7-222 所示。

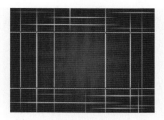

图 7-220　制作水平线条

图 7-221　"色相/饱和度"调整

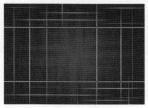

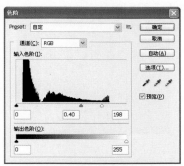

图 7-222　"色阶"调整

（17）为线条制作辉光效果。复制"图层 3"得到副本图层，并放置于"图层 3"之下，执行"高斯模糊"滤镜，模糊半径为 3 个像素，结果如图 7-223 所示。然后将该层合并到"图层 3"中。

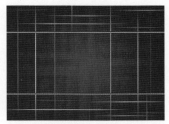

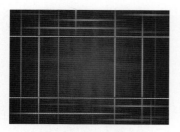

图 7-223　为线条添加辉光

（18）新建"图层 4"，以较细的画笔绘制如图 7-224 所示的竖直线条。

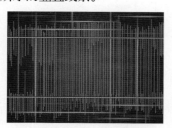

图 7-224　绘制竖直细线条

（19）执行"滤镜"｜"模糊"｜"动感模糊"，设置"角度"为 90 ，"距离"为 90 个像素，如图 7-225 所示。

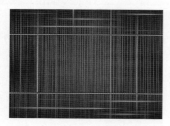

图 7-225　"动感模糊"滤镜

（20）复制"图层 4"得到副本图层，将副本图层中的图像稍稍右移，然后将副本图层合并到"图层 4"中，此时图像如图 7-226 所示。

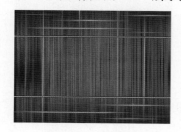

图 7-226　复制图像

（21）新建"图层 5"，绘制部分水平细线条，

并执行"动感模糊"滤镜，设置"角度"为 0 。然后合并"图层 5"到"图层 4"当中，此时图像如图 7-227 所示。

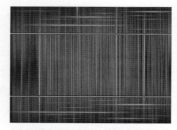

图 7-227　制作水平细线条

（22）调整"图层 4"的不透明度为 20%，如图 7-228 所示。合并"图层 4"到"图层 3"中。

（23）"图层 3"为当前图层，载入 Alpha1 通道选区，按 Delete 键删除，如图 7-229 所示。

（24）选择文字工具，在左侧输入若干行 0、1 组成数字串，字体颜色为浅蓝色，如图 7-230 所示。注意，文字图层应位于"图层 1"和"图层 3"之间。

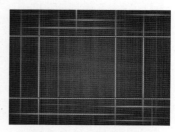

图 7-228　调整不透明度

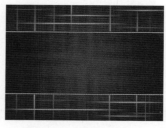

图 7-229　删除部分线条

（25）栅格化该文字图层，并复制该层，命名为"数字副本层"，放置于原数字图层之下，此时图层控制面板如图 7-231 所示。

（26）对"数字副本层"执行"滤镜"｜"模糊"｜"动感模糊"命令，设置"角度"为 0 度，

"距离"为 400 个像素,如图 7-232 所示。

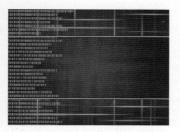

图 7-230 输入数字

图 7-231 图层控制面板

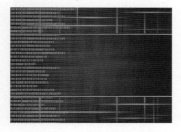

图 7-232 "动感模糊"命令

(27) 现在要调整上下两侧数字的不透明度,合并"数字副本层"和"数字图层"为"数字图层",载入 Alpha2 通道选区,如图 7-233 所示。

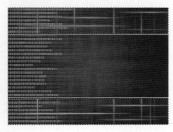

图 7-233 载入 Alpha2 通道选区

(28) "数字图层"为当前图层,执行"图层"|"新建"|"通过剪切的图层",将选区内内容剪切到新层"图层 4"中。

(29) 调整"图层 4"的不透明度为 25%,如

图 7-234 所示。

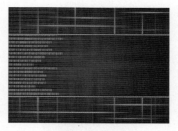

图 7-234 调整"图层 4"不透明度

到这里,我们发现背景层的色彩偏亮,而且我们希望整个图像的边缘稍微偏暗些,为此,要再次使用"光照效果"滤镜。

(30) 设置"图层 1"为当前图层,执行"滤镜"|"渲染"|"光照效果"命令,对话框设置和执行结果如图 7-235 所示,注意将光的强度调小些,这里设置为 11。

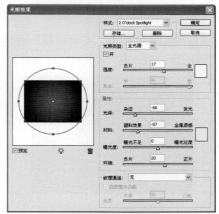

图 7-235 添加光照效果

(31) 打开如图 7-236 所示素材图像。

(32) 复制该图像到主图中(脸图层),并变换图像,将其放置道如图 7-237 所示位置。

(33) 为"脸图层"添加图层蒙版,并用渐

变工具编辑蒙版，使图像融合到背景当中，图像和图层控制面板如图 7-238 所示。

图 7-236　素材图像

图 7-237　复制并变换图像

（34）按 Ctrl+B 打开"色彩平衡"对话框，调整"脸图层"的色彩，如图 7-239 所示。

图 7-238　添加并编辑图层蒙版

（35）在"图层 1"之上新建"图层 5"，选中自定形状工具，并在工具属性栏上选择形状，并设置填充像素方式（即在工具属性栏的左侧按下 按钮），设置前景色为黑色，用鼠标在图中拖动，绘制如图 7-240 所示的黑色方框。

（36）调整"图层 5"的不透明度为 20%，如

图 7-241 所示。

图 7-239　"色彩平衡"调整

图 7-240　使用形状工具绘制黑色方框

图 7-241　调整"图层 5"的不透明度

（37）新建"图层 6"，更改形状工具的形状为 ，在图中绘制如图 7-242 所示图形。

（38）按住 Ctrl 键单击"图层 6"载入该层选区，执行"选择"｜"修改"｜"收缩"命令，将选区收缩 5 个像素，然后按 Shift+Ctrl+I 反转选区，按 Delete 键，再调整该层不透明度为 10%，结果如图 7-243 所示。

（39）复制"图层 6"的两个副本，并分别变

换放置在中间位置，一大一小两个副本的不透明度分别为 6%和 4%，如图 7-244 所示。

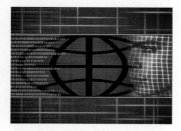

图 7-242　使用形状工具

图 7-243　调整"图层 6"的不透明度

图 7-244　复制"图层 6"并调整不透明度

（40）将"图层 5"、"图层 6"及其两个副本合并到"图层 1"中。新建"图层 5"，位于"脸图层"和"数字图层"之上。载入 Alpha1 通道选区，选择渐变工具，设置透明到黑色渐变，并选择"对称"渐变方式，渐变不透明度设为 60%，然后从选区中央往上（或往下）拖动鼠标，结果如图 7-245 所示。

（41）复制"图层 1"的一个副本，放置于"图层 1"之下。设置"图层 1"为当前图层，执行"滤镜"│"KTP6.0"│"Lensflare"命令，给图像添加光晕效果，Lensflare 滤镜的参数设置和执行结果如图 7-246 所示。

（42）载入 Alpha2 通道选区，按 Delete 删除"图层 1"内容，目的是为了删除选区内由 Lensflare

滤镜产生的光芒，由于"图层 1"下方有"图层 1副本"，所以并不会把背景删掉。结果如图 7-247所示。

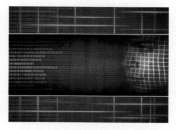

图 7-245　填充渐变

（43）选择矩形选择工具，在工具属性栏上设置羽化半径为 5 个像素，在右上角绘制如图7-248 所示选区。

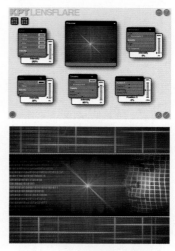

图 7-246　Lensflare 滤镜

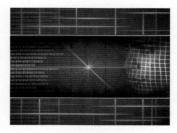

图 7-247　删除"图层 1"部分内容

（44）在所有层之上新建"图层 6"，填充黑色，不透明度为 80%，结果如图 7-249 所示。

（45）新建"图层 7"，用画笔绘制如图 7-250所示白色曲线。

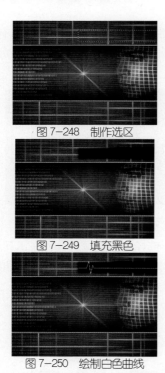

图7-248　制作选区

图7-249　填充黑色

图7-250　绘制白色曲线

（46）复制"图层7"得到"图层7副本"，按Ctrl+I将图像反相，即将曲线变为黑色，双击该层，为曲线添加"外发光"图层样式，发光颜色设置为蓝色，如图7-251所示。

图7-251　为黑色曲线添加"外发光"图层样式

（47）"图层7"为当前图层，执行"滤镜"｜"模糊"｜"高斯模糊"命令，模糊半径为2个像素，结果如图7-252所示。

（48）选择文字工具输入"Fantasic World"字样，先设字体颜色为白色，便于观察，调整好字体和大小，如图7-253所示。

（49）复制该文字图层的两个副本（"副本1"和"副本2"），放置于该层之上，然后将最上层（"副本2"）的字体改为黑色，如图7-254所示。

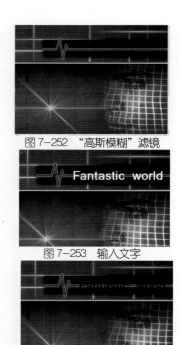

图7-252　"高斯模糊"滤镜

图7-253　输入文字

图7-254　复制文字图层

（50）栅格化"副本1"和原文字图层为普通图层，此时图层控制面板如图7-255所示。

图7-255　图层控制面板

（51）"副本1"为当前图层，执行"滤镜"｜"模糊"｜"动感模糊"命令，设置"角度"为0度，"距离"为20个象素，如图7-256所示。

图7-256　"动感模糊"滤镜

（52）执行"滤镜"｜"模糊"｜"高斯模糊"命令，模糊半径为2个像素，如图7-257所示。

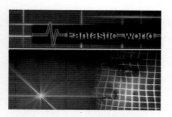

图 7-257 "高斯模糊"滤镜

（53）Fantasic World 层为当前图层，执行"滤镜"│"模糊"│"高斯模糊"命令，模糊半径为 3 个像素，然后双击该层，为该层添加"外发光"图层样式，发光颜色设置为蓝色，结果如图 7-258 所示。

图 7-258　添加"外发光"图层样式

（54）新建"图层 8"，用画笔在图像的下方画一水平白色直线，如图 7-259 所示。

（55）执行"滤镜"│"扭曲"│"波浪"命令，结果如图 7-260 所示。

（56）使用图层蒙版遮去两端部分如图 7-261 所示。

图 7-259　绘制水平直线

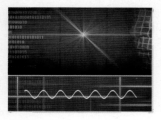

图 7-260　"波浪"滤镜

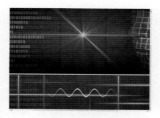

图 7-261　编辑图层蒙版

（57）双击"图层 8"添加"外发光"图层样式，发光颜色仍为蓝色，如图 7-262 所示。

（58）复制"图层 8"，将其稍微右移，如图 7-263 所似乎。

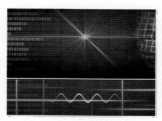

图 7-262　添加"外发光"图层样式

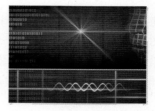

图 7-263　复制"图层 8"并右移图层内容

（59）执行"编辑"│"变换"│"透视"命令，变形后，调整该层不透明度为 45%，最终效果如图 7-264 所示。

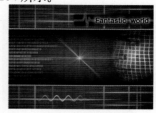

图 7-264　最终效果图

7.3　动手练练

- 使用 Photoshop CS 自带滤镜制作如图 7-265 所示的闪电和激光效果。

231

图 7-265　闪电和激光

闪电的制作请参照第 2 章的实例。

激光的制作步骤如下：

（1）使用画笔工具绘制若干条白色直线，画笔的直径可稍大些。

（2）执行"高斯模糊"命令，使得直线边缘有辉光效果。

（3）使用选择工具选择各条直线，按 Ctrl+T 分别进行自由变换。

- 使用外挂滤镜制作如图 7-266 所示的图像。

步骤如下：

（1）使用 Xenofex1.0 的 Rounded Rectangle 滤镜，给图像添加边框。

（2）用魔术棒选择工具选择"老鹰"头部周围的绿色部分，执行 Eye Candy4000 的 Drip 滤镜命令。

（3）使用横排文字蒙版工具制作"Eagle"字样选区，单独更改"E"字母的字体及大小。

（4）以白色描边选区。

（5）取消选区，新建图层，填充水平线条图案。

图 7-266　使用外挂滤镜

- 使用"置换"滤镜使图像错位。

步骤如下：

（1）打开如图 7-267 所示的图像。

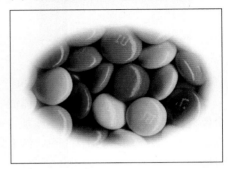

图 7-267　原图

（2）制作如图 7-268 所示的置换图，置换图应为灰度模式，存盘（PSD 格式）以备使用。

镜" | "扭曲" | "置换"命令，选择上一步制作的置换图，单击"确定"按钮，效果如图 7-269 所示。

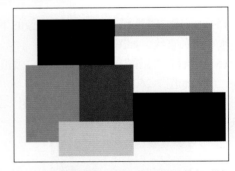

图 7-268　置换图 （3）回到原图，执行"滤

图 7-269　换效果

第 8 章　特效字——文字艺术

【本章主要内容】

　　在广告等艺术作品当中，文字不仅仅用来传达某种信息，它在艺术效果的表现方面也发挥着重要的作用。不同的文字处理方法，会产生不同的效果，也会给作品带来无穷的生命力。本章主要介绍各种特效字的处理方法，并使读者了解其在实际中的应用。

【本章学习重点】

- 文字工具
- 特效字

8.1　文字工具介绍

　　由于 Photoshop 处理的特效字必须要以文字工具制作的文字作为前提，因此，这里首先介绍一下文字工具的使用方法。

　　在 Photoshop 的工具箱中有 4 种可供选择的文字工具，如图 8-1 所示。

图8-1　文字工具

　　其中横排文字工具 T 和直排文字工具 IT 用于创建文本，创建的文本将被放于系统新建的文字图层中；而横排文字蒙版工具 T 和直排文字蒙版工具 T 用于创建文本形状的选区，并不创建文字图层。四种文字工具的使用如图 8-2～图 8-5 所示。

提示
使用直排文字工具和直排文字蒙版工具输入英文文字时，其文字的排列方法同输入中文时稍有不同，如图8-6所示。选择字符控制面板快捷菜单中的"旋转字符"选项将，则英文字符的排列方法将和中文的相同。

图8-2　横排文字工具

图8-3　直排文字工具

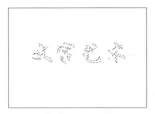

图8–4　横排文字蒙版工具

图8–5　直排文字蒙版工具

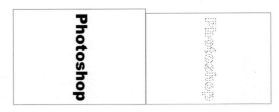

图8–6　直排文字工具输入英文文字

选择一种文字工具后，工具属性栏将如图 8-7 所示。在工具属性栏中可设置文字的大小、字体等属性，单击工具属性栏左侧的按钮，可在输入文字后在横排和直排之间快速转换，按钮组由于设置文字的对其方式，通常情况下颜色框显示的颜色是当前前景色，用户可通过单击该颜色框打开颜色拾取器来设置字体颜色。

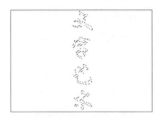

图8–7　文字工具属性栏

提示

要改变已经输入的文字的属性，必须先使用文字工具选中需要改变的文字，如图8-8所示，图中改变“shop”的字体、大小和颜色。

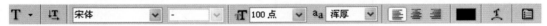

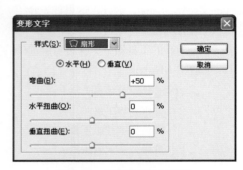

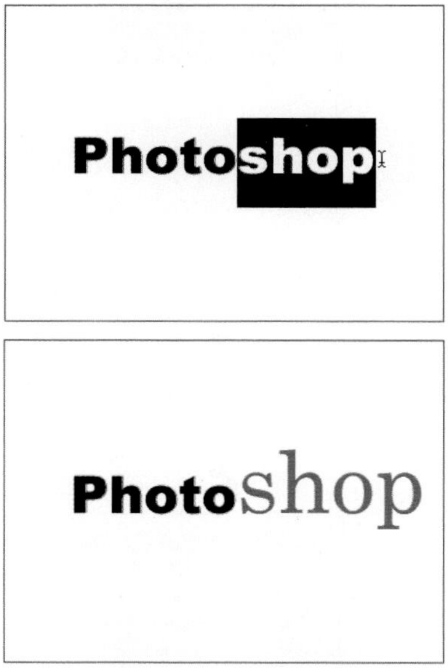

图8–8　修改选中字体的属性

单击工具属性栏上的按钮，将打开如图 8-9 所示的“变形文字”对话框，利用该对话框可对文字进行变形设置。

图8–9　“变形文字”对话框

在样式下拉列表中可选择要对文字进行变形的样式，“水平”和“竖直”单选框用于设置是对文字进行水平还是竖直变形，此外，还可调整变形的整弯曲和扭曲参数。图 8-10 所示是对文字进行“旗帜”变形示意图。

单击工具属性栏上的按钮，将打开如图 8-11 所示的字符和段落控制面板，利用该控制面板可对输入的文字段落进行进一步的调整，如文字的水平和竖直缩放比例、段落的首行缩进量等。

在前面章节的实例中已经了解到，文字图层限制了 Photoshop 的许多操作，如不能对文字图层进行绘画、执行滤镜命令等，要进行这些操作必须将文字图层转换为普通图层。为此，可先选中文字图

层，然后执行"图层"｜"栅格化"｜"文字"命令，也可右击该文字图层，然后在弹出的快捷菜单中选择"栅格化图层"命令。但是，即使不栅格化文字图层，也可为其添加图层样式，如我们为一文字图层添加"投影"图层样式，如图 8-12 所示。

图 8-10　"旗帜"变形

图 8-11　字符和段落控制面板

此外，还可执行"图层"｜"文字"｜"创建

工作路径"或"图层"｜"文字"｜"转换为形状"命令将文字图层内容转换为工作路径或形状，然后进行进一步的操作。

图 8-12　为文字图层添加"投影"图层样式

8.2　特效字

8.2.1　金字

（1）新建一 RGB 图像，如图 8-13 所示。

图 8-13　新建图像

（2）新建 Alpha1 通道，输入"金字"字样，填充白色，如图 8-14 所示。

图 8-14　输入文字

（3）执行"滤镜"｜"模糊"｜"高斯模糊"

命令，模糊半径设为 4 个像素，执行 4 次，结果如图 8-15 所示。

图8-15 "高斯模糊"滤镜执行结果

图8-16 填充渐变

（4）载入该通道选区，选择渐变工具，设置彩色线性渐变，从左上角向右下角制作渐变，结果如图 8-16 所示。

（5）取消选区，按 Ctrl+M 打开"曲线"对话框，调整"曲线"如图 8-17 所示。

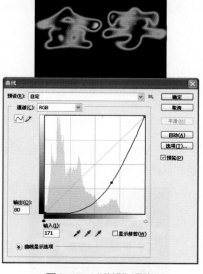

图8-17 "曲线"调整

（6）按 Ctrl+A 全选，按 Ctrl+C 复制图像，切换到图层控制面板，按 Ctrl+V 粘贴该图像，然后按

Ctrl+U 打开"色相/饱和度"对话框为文字着色，注意选中"着色"复选框，结果如图 8-18 所示。

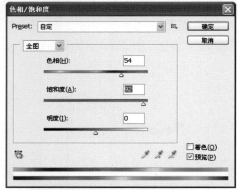

图8-18 为字体着色

8.2.2 金属边框字

（1）新建一 RGB 图像，背景设置为白色，如图 8-19 所示。

（2）使用横排文字蒙版工具制作"金属边框"字样选区，如图 8-20 所示。

图8-19 新建图像

图8-20 用横排文字蒙版工具制作选区

（3）执行"选择" | "存储选区"命令，将选

区存储为 Alpha1 通道，通道控制面板如图 8-21 所示。

图 8-21 存储文字选区到 Alpha1 通道

（4）新建 Alpha2 通道，按住 Ctrl 键单击 Alpha1 通道载入选区，执行"选择"｜"修改"｜"扩展"命令，扩展 6 个象素，如图 8-22 所示。

图 8-22 扩展选区

（5）按住 Ctrl+Alt 键单击 Alpha1 通道，从当前选区中减去 Alpha1 通道存储的选区，结果如图 8-23 所示。

图 8-23 选区运算

（6）按 Alt+Delete 以白色（此时前景色为白色）填充选区，再按 Ctrl+D 取消选区，如图 8-24 所示。

图 8-24 填充白色

（7）载入 Alpha1 通道选区，回到图层控制面板，新建"图层 1"，填充如图 8-25 所示渐变。

图 8-25 填充渐变

（8）取消选区。设置背景层为当前图层，执行"滤镜"｜"渲染"｜"光照效果"命令，在"纹理通道"下拉列表中选择 Alpha2 通道，其他设置如图 8-26 所示。

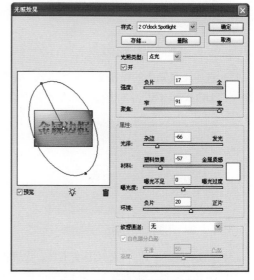

图 8-26 "光照效果"对话框

（9）添加光照效果后图像如图 8-27 所示。

图 8-27 添加光照效果

（10）使用十字星型画笔信手点缀文字，最终效果如图 8-28 所示。

图8-28　最终效果

8.2.3　金属质感字

（1）新建一RGB图像，将背景填充为浅绿色，如图8-29所示。

图8-29　新建图像

（2）选中工具箱中的横排文字蒙版工具，在图中制作"PHOTOSHOP"字样选区，如图8-30所示。

图8-30　用横排文字蒙版工具制作选区

（3）新建"图层1"，选择渐变工具，设置铜色渐变图案和"线性"渐变方式，按住Shift键从上向下拖动鼠标，结果如图8-31所示。

图8-31　填充渐变

（4）执行"滤镜"｜"杂色"｜"添加杂色"命令，选中"平均分布"单选按钮和"单色"复选框，并设置"数量"为4%，执行结果如图8-32所示。

示。

图8-32　"添加杂色"滤镜执行结果

（5）双击"图层1"，为该层添加"斜面和浮雕"和"投影"图层样式，"斜面和浮雕"的参数设置和执行结果如图8-33所示。

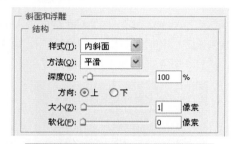

图8-33　添加图层样式

（6）按Ctrl+U打开"色相/饱和度"对话框，调整"图层1"的色相及饱和度，得到各种不同颜色的字体，如图8-34所示。

图8-34　"色相/饱和度"调整

8.2.4 金属浮雕字

（1）新建一 400×400 的 RGB 图像，背景填充浅蓝色，如图 8-35 所示。

图 8-35 新建图像

（2）执行"滤镜"｜"杂色"｜"添加杂色"命令，选中"平均分布"单选按钮和"单色"复选框，并设置"数量"为 2%，执行结果如图 8-36 所示。

图 8-36 "添加杂色"滤镜执行结果

（3）执行"滤镜"｜"模糊"｜"径向模糊"命令，选择"旋转"方式，"数量"设置为 20，执行结果如图 8-37 所示。

图 8-37 "径向模糊"滤镜执行结果

（4）切换到通道控制面板，新建 Alpha1 通道，使用矩形选择工具制作如图 8-38 所示的正方形选区。

（5）执行"选择"｜"修改"｜"平滑"命令，"取样半径"设置为 30 个像素，结果如图 8-39 所示。

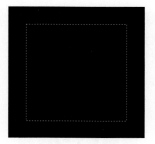

图 8-38 制作选区

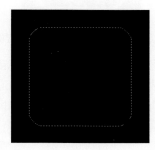

图 8-39 平滑选区

（6）按 Alt+Delete 以白色填充选区，然后执行"选择"｜"修改"｜"收缩"命令，收缩量设置为 10 个像素，按 Delete 删除选区内容，并取消选区，此时 Alpha1 通道如图 8-40 所示。

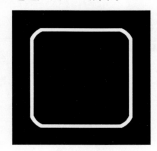

图 8-40 Alpha1 通道

（7）使用文字工具在中间输入白色的"@"字样，如图（7）所示。

图 8-41 输入 "@"

（8）执行"滤镜"｜"模糊"｜"高斯模糊"命令，模糊半径设置为 1.5 个像素，执行结果如图 8-42 所示。

图 8-42　"高斯模糊"滤镜执行结果

（9）回到图层控制面板，执行"滤镜"｜"渲染"｜"光照效果"命令，在"纹理通道"下拉列表中选择 Alpha1 通道，其他参数设置和执行结果如图 8-43 所示。

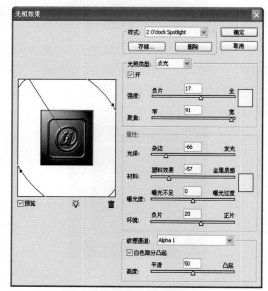

图 8-43　添加光照效果

（10）按 Ctrl+M 调整图像"曲线"，如图 8-44 所示。

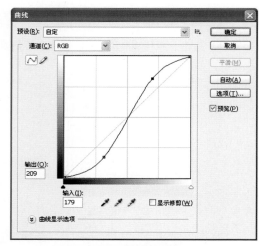

图 8-44　"曲线"调整

8.2.5　冰雪字

（1）新建一 400×300 的 RGB 图像，以白色填充背景，如图 8-45 所示。

图 8-45　新建图像

（2）使用横排文字蒙版工具制作"冰雪"字样选区，如图 8-46 所示。

（3）填充黑色，如图 8-47 所示。

（4）按 Shift+Ctrl+I 反转选区，执行"滤镜"｜"象素化"｜"晶格化"命令，"单元格大小"设置为 12，执行结果如图 8-48 所示。

（5）再次反转选区，执行"滤镜"｜"杂色"｜"添加杂色"命令，选中"高斯分布"单选按钮

和"单色"复选框,并设置"数量"为45%,执行
结果如图8-49所示。

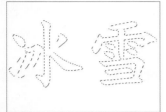

图8-46 用横排文字蒙版工具制作选区

图8-47 填充黑色

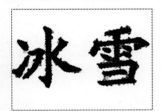

图8-48 晶格化

图8-49 "添加杂色"滤镜执行结果

(6)执行"滤镜"│"模糊"│"高斯模糊"
命令,模糊半径设置为1.5个象素,执行后取消选
区,结果如图8-50所示。

图8-50 "高斯模糊"滤镜

(7)按Ctrl+I反相图像,如图8-51所示。

图8-51 反相图像

图8-52 旋转画布

(8)执行"图像"│"旋转画布"│"90度(逆
时针)"命令,旋转图像,如图8-52所示。

(9)执行"滤镜"│"风格化"│"风"命令,
方向选择从左方,然后再顺时针旋转画布,结果如
图8-53所示。

图8-53 "风"滤镜

(10)按Ctrl+U打开"色相/饱和度"对话框为
图像着色,最终效果如图8-54所示。

图8-54 为文字着色

8.2.6 塑料质感字

（1）新建一 RGB 图像，填充背景为蓝色，如图 8-55 所示。

图 8-55 新建图像

（2）新建 Alpha1 通道，输入"塑料"字样，填充白色，如图 8-56 所示。

图 8-56 Alpha1 通道

（3）复制 Alpha1 通道得到其副本，在副本通道中执行若干次"滤镜"｜"模糊"｜"高斯模糊"命令，模糊半径由大到小，得到如图 8-57 所示效果。

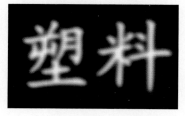

图 8-57 多次执行"高斯模糊"滤镜后的效果

（4）载入 Alpha1 通道选区，按 Shift+Ctrl+I 反转选区，按 Delete 删除选区内容，结果如图 8-58 所示。

图 8-58 副本通道的最终效果

（5）回到图层控制面板，执行"滤镜"｜"渲染"｜"光照效果"命令，在"纹理通道"下拉列表中选择 Alpha1 副本通道，"材料"滑杆调至"塑料效果"一端，其他参数设置和执行结果如图 8-59 所示。

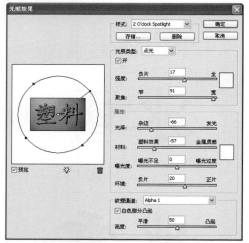

图 8-59 添加光照效果

（6）按 Ctrl+B，调整图像的"色彩平衡"，可得到不同色调的塑料质感，如图 8-60 所示。

图 8-60 "色彩平衡"调整

8.2.7 光芒文字

（1）新建一黑色背景图像，如图 8-61 所示。

（2）使用文字蒙版工具制作"bodybo"选区，如图 8-62 所示。

（3）执行"编辑"｜"描边"命令，以白色描边选区，如图 8-63 所示。并复制"背景"图层得到"背景副本"图层。

图8-61 新建图像

图8-62 制作选区

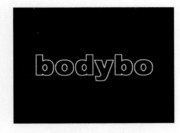

图8-63 描边选区

（4）对"背景副本"图层进行操作，执行"滤镜"｜"模糊"｜"高斯模糊"命令，模糊半径为 2.5 个像素，执行结果如图 8-64 所示。

图8-64 "高斯模糊"滤镜执行结果

（5）执行"滤镜"｜"扭曲"｜"极坐标"命令，选中"极坐标到平面坐标"单选按钮，执行结果如图 8-65 所示。

（6）执行"图像"｜"旋转画布"｜"旋转 90

度（顺时针）"命令，旋转画布，如图 8-66 所示。

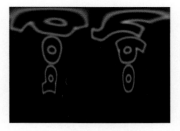

图8-65 极坐标到平面坐标转换

（7）执行"滤镜"｜"风格化"｜"风"命令，风向选择从右方，执行两次，结果如图 8-67 所示。

图8-66 顺时针旋转画布　图8-67 "风"滤镜执行结果

（8）再逆时针旋转画布，如图 8-68 所示。

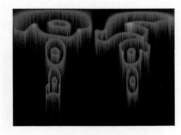

图8-68 逆时针旋转画布

（9）执行"滤镜"｜"扭曲"｜"极坐标"命令，选中"平面坐标到极坐标"单选按钮，执行结果如图 8-69 所示。

图8-69 平面坐标到极坐标转换

（10）将背景副本层的色彩混合模式改为"变

亮"，此时图像如图 8-70 所示。

图8-70　更改色彩混合模式

（11）"背景层"为当前图层，执行"滤镜"｜"模糊"｜"高斯模糊"命令，模糊半径为 2 个像素，执行结果如图 8-71 所示。

图8-71　"高斯模糊"滤镜执行结果

（12）合并"背景副本"和"背景"图层，按 Ctrl+U 打开"色相/饱和度"对话框为图像着色，如图 8-72 所示。

图8-72　为文字着色

8.2.8　透视字

（1）新建一黑色背景图像，如图 8-73 所示。

（2）用文字蒙版工具制作 PHOTO 字样选区，如图 8-74 所示。

图8-73　新建图像

图8-74　用文字蒙版工具制作选区

（3）新建"图层 1"，设置前景色和背景色分别为红色和蓝色，执行"滤镜"｜"渲染"｜"云彩"命令，结果如图 8-75 所示。

图8-75　"云彩"滤镜执行结果

（4）执行"编辑"｜"描边"命令，以白色描边，注意选择"居外"，然后取消选区，如图 8-76 所示。

图8-76　描边选区

（5）复制若干"图层 1" 的副本放置于"图层1"之下，然后对每个副本执行自由变换（按 Ctrl+T），并调整"色彩平衡"（按 Ctrl+B），最后合并所有副本层，结果如图 8-77 所示。

（6）对合并后的图层执行"滤镜" | "模糊" | "径向模糊"命令，如图 8-78 所示。

图8-77 复制并变换文字

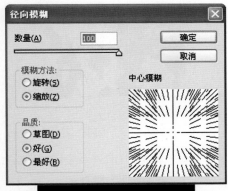

图8-78 "径向模糊"滤镜

（7）按 Ctrl+F 若干次，重复执行"径向模糊"滤镜，如图 8-79 所示。

（8）对"图层 1"执行"滤镜" | "风格化"

"风"命令，结果如图 8-80 所示。

图8-79 多次执行"径向模糊"滤镜后的效果

图8-80 "风"滤镜执行后的最终效果

8.2.9 锈斑字

（1）新建图像，输入"锈斑"字样，如图 8-81所示。

图8-81 输入文字

（2）双击文字图层，为其添加"斜面和浮雕"、"投影"和"内发光"图层样式，如图 8-82 所示。

图8-82 添加图层样式

（3）"内发光"图层样式的参数设置如图 8-83

所示。

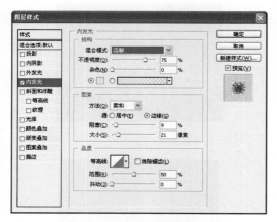

图8-83　"内发光"参数设置

（4）按住 Ctrl 键单击文字图层，载入文字选区，执行"编辑"｜"合并拷贝"命令，然后切换到通道控制面板，新建 Alpha1 通道，按 Ctrl+V 粘贴，如图 8-84 所示。

图8-84　Alpha1 通道

（5）回到图层控制面板，双击文字图层，去掉"内发光"图层样式，或直接将"内发光"图层样式拖至删除按钮上将其删除。此时图像如图 8-85 所示。

图8-85　删除"内发光"图层样式

（6）再次载入文字层选区，新建"图层 1"，按 D 键设置前景色和背景色为黑色和白色，然后执行"滤镜"｜"渲染"｜"云彩"命令，结果如图

8-86 所示。

图8-86　"云彩"滤镜执行结果

（7）按 Ctrl+M 进行"曲线"调整，使得黑白变化明显些，结果如图 8-87 所示。

图8-87　"曲线"调整

（8）执行"图像"｜"调整"｜"阈值"命令，调整后取消选区，如图 8-88 所示。

图8-88　执行"阈值"命令

（9）用魔术棒选择工具选中图中黑色部分，按 Delete 键删除，结果如图 8-89 所示。

图8-89　删除黑色部分

（10）执行"滤镜"｜"杂色"｜"添加杂色"命令，对话框参数设置和执行结果如图 8-90 所示。

图 8-90 "添加杂色"滤镜

（11）执行"滤镜"｜"渲染"｜"光照效果"命令，在"纹理通道"下拉列表中选择 Alpha1 通道，如图 8-91 所示。

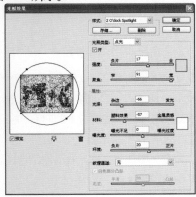

图 8-91 添加光照效果

（12）载入"图层 1"的选区，执行"选择"｜"羽化"命令，羽化半径设置为 5 个像素，羽化选区

后按 Shift+Ctrl+I 反转选区，按若干次 Delete 键，结果如图 8-92 所示。

图 8-92 删除锈迹边缘

（13）调整"图层 1"的不透明度为 80%，最终效果如图 8-93 所示。

图 8-93 调整不透明度后的最终效果图

8.2.10 石刻字

（1）打开一幅石纹素材图像，如图 8-94 所示。

图 8-94 石纹素材

（2）用文字蒙版工具制作 bodybo 字样选区，如图 8-95 所示。

图 8-95 用文字蒙版工具制作选区

（3）执行"选择"｜"存储选区"命令，存储选区到 Alpha1 通道，如图 8-96 所示。

（4）复制"背景"得到"背景副本"图层，按

Delete 删除"背景副本"图层选区内容，此时图层控制面板如图8-97所示。

图8-96　存储选区到Alpha1通道

图8-97　图层控制面板

（5）双击"背景副本"图层，为该层添加"投影"图层样式，"投影"参数设置和执行结果如图8-98所示。

图8-98　添加"投影"图层样式

（6）复制"背景副本"层得到"背景副本2"图层，并双击该层，修改"投影"参数，注意不选中"使用全局光"复选框，"角度"设置为50度，如图8-99所示。

图8-99　更改"背景副本2"的"投影"参数

（7）设置"背景"层为当前图层，执行"图像"｜"调整"｜"亮度/对比度"命令，将背景调暗些，结果如图8-100所示。

图8-100　调暗背景

（8）设置"背景副本2"（最上层）为当前图层，载入Alpha1通道选区，选择矩形选择工具（任意一种选择工具均可），按键盘上的向右和向下方向键各一次，然后执行"图像"｜"调整"｜"亮度/对比度"命令，增加其亮度，最后取消选区，最终效果如图8-101所示。

图8-101　最终效果图

8.2.11　立体字

（1）执行"文件｜新建"命令，如图8-102所示，给文件命名为"立体字"，设置文件的宽度为600 像素，高度为 450 像素，内容为背景色（黑色）。

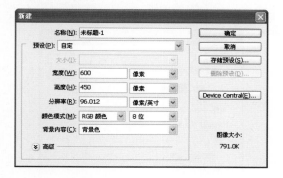

图8-102 新建文件

（2）单击工具箱中的"快速蒙版"按钮，如图8-103 所示，以快速蒙版模式编辑。

图8-103 "快速蒙版"按钮

（3）选中渐变工具，设置工具属性栏如图8-104 所示。

图8-104 渐变工具属性栏

（4）按住 Shift 键，在图中从上往下拖动鼠标，制作渐变，结果如图 8-105 所示。

图8-105 制作渐变

（5）按 Q 键退出快速蒙版模式，得到如图 8-106所示的选区。

提示
选区显示为一矩形框，其实它是具有透明度的矩形选区，快速蒙版模式下的红色区域对应的选区的不透明度为0%，而黑色对应的选区的不透明度为100%。

图8-106 退出快速蒙版模式得到选区

（6）为了观察此选区的不透明度，将其存储为Alpha 通道，为此，执行"选择｜存储选区"命令，打开如图 8-107 所示的对话框，默认设置，单击"确定"按钮，将选区存储到 Alpha1 通道中，此时通道控制面板如图 8-108 所示。

图8-107 "存储选区"对话框

图8-108 通道控制面板

（7）设置前景色和背景色分别为红色和黑色，单击图层面板中的按钮，新建"图层 1"，然后执行"滤镜｜渲染｜云彩"命令，执行后按 Ctrl+D取消选区，此时的图像和图层控制面板如图 8-109所示。从图中可看到选区的不透明度对滤镜效果的影响。

（8）用文字蒙版工具在图中制作"M"字样的选区，如图 8-110 所示。

（9）选中渐变工具，设置颜色渐变条如图8-111 所示，并在其工具属性栏中按下对称渐变按钮。

图8-109 执行"云彩"滤镜后的图像和图层控制面板

图8-110 制作文字选区

图8-111 设置颜色渐变条

（10）新建"图层2"，以45度角在选区中拖动鼠标制作渐变图案，结果如图8-112所示。

（11）执行"编辑｜描边"命令，描边颜色设置为浅灰色，其他参数如图8-113所示。

图8-112 制作渐变

（12）"描边"后的图像结果如图8-114所示（局部放大）。

（13）在图层控制面板中拖动"图层2"到 按

钮上复制该层，得到"图层2 副本"，将其置于"图层2"之下，并隐藏该图层，此时图层控制面板如图8-115所示。

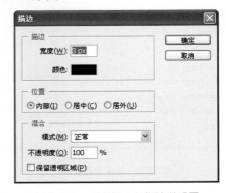

图8-113 "描边"对话框参数设置

图8-114 描边效果

图8-115 图层面板

（14）按Ctrl+T对"图层2"的图像进行自由变换，此时图像中应显示定界框，如图8-116所示。

图8-116 定界框

（15）在工具属性栏的"角度"文本框中输入

30，如图 8-117 所示。将"M"顺时针旋转 30 度。

(16) 按 Enter 键应用变换，结果如图 8-118 所示。

图8-117 变换工具属性栏

图8-118 顺时针旋转30度

(17) 按住 Ctrl 键单击"图层 2"载入该层选区，然后按住 Ctrl 和 Alt 键，按向左方向键 15 次，在"图层 2"中复制图像，复制完后取消选区，结果如图 8-119 所示。

图8-119 复制图像

提示

制作选区后按上述方法复制图像，复制的图像和原图位于同一图层中，若在未制作选区的情况下按上述方法复制图像，则系统将为每个复制的图像创建一个新的图层，即若按方向键15次，将得到15个新的图层。

(18) 将"M"逆时针旋转 30 度，为此，按 Ctrl+T，在如图 8-117 所示的工具属性栏的"角度"文本框中输入-30，按 Enter 键应用变换，结果如图 8-120 所示。

(19) 制作倒影。设置"图层 2 副本"为当前图层，执行"编辑|变换|垂直翻转"命令，然后调整其位置，如图 8-121 所示。

图8-120 逆时针旋转30度

图8-121 垂直翻转

(20) 对"图层 2 副本"执行步骤 (17) 和 (18) 的操作，注意，向左方向键同样按 15 次，然后调整好倒影的位置，结果如图 8-122 所示。

图8-122 制作立体倒影

图8-123 调整位置

(21) 建立"图层 2"和"图层 2 副本"的链接，然后将他们移到如图 8-123 所示的位置。

下面我们再来制作一斜立的"X"。

(22) 新建"图层 3"，用文字蒙版工具 T 制作一"X"字样选区，并用如图 8-111 所示的颜色渐变条在选区内制作渐变，并以浅灰色描边选区，结果如图 8-124 所示。

图8-124 编辑"X"

(23) 按 Ctrl+T 先将"X"顺时针旋转 45 度，如图 8-125 所示。

图8-125 顺时针旋转45度

(23) 复制"图层 3"得到"图层 3 副本"，将其移至"图层 3"之下，此时图层控制面板如图 8-126 所示。

图8-126 图层控制面板

(24) 重复步骤 (17) ~ (20)，只不过是对"图层 3"和"图层 3 副本"进行操作，结果如图 8-127 所示。

(25) 链接"图层 3"和"图层 3 副本"，按 Ctrl+T 执行自由变换将它们适当缩小，如图 8-128 所示。

(26) 倒影的色调应该暗一些，我们对倒影进行一定的处理。首先合并"图层 2 副本"和"图层 3 副本"（建立两个图层的链接，按 Ctrl+E 快捷键），然后将图层名称更改为"倒影"。单击图层控制面

板中的 按钮为该层添加图层蒙版，如图 8-129 所示。

图8-127 制作立体效果及倒影

图8-128 缩小图像

图8-129 添加图层蒙版

(27) 选中渐变工具，设置白色到黑色渐变，并在其工具属性栏上按下线性渐变按钮，然后在图中从上向下拖动鼠标，编辑图层蒙版，此时图层控制面板和图像分别如图 8-130 和图 8-131 所示。

图8-130 编辑图层蒙版

(32)由于图层蒙版中的灰色使得该层图像变得

透明，透过文字倒影可看到"图层 1"的红色，这不是我们希望的结果，我们采用如下方法进行处理。按住 Ctrl 键单击"倒影"图层，载入该层选区，如图 8-132 所示。

图 8-131 编辑图层蒙版效果

图 8-132 载入选区

（33）设置"图层 1"为当前图层，按 Delete 键删除选区内容，并取消选区，最终效果如图 8-133 所示。

图 8-133 最终效果图

8.3 特效字的应用

前面学习了特效字的处理方法，特效字的种类还有很多，如果感兴趣，可找一本专门介绍特效字的书作为参考，这里就不一一介绍了。

大部分特效字的制作并不复杂，掌握起来比较容易，但要在实际中用好特效字，为自己的作品画龙点睛，却并非易事。我们应该在借鉴他人优秀作品的基础上，多加练习，大胆尝试，逐渐积累经验，

这样才能在实际的运用当中得心应手，制作出令人满意的作品。

图 8-134～图 8-139 列出部分特效字在实际当中的应用，供读者参考。

图 8-134 光芒字

图 8-135 石刻字

图 8-136 玻璃字

图 8-137 变形字

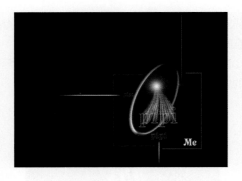

图8-138 透视字

8.4 动手练练

- 制作如图8-107所示的立体字，步骤如下：

图8-139 立体字

（1）用文字蒙版工具制作"PS"字样选区，新建"图层1"，填充渐变，并以灰色描边。

（2）复制"图层1"得到"图层1副本"，放置于原图层之下。

（3）"图层1"为当前图层，将图像顺时针旋转30。

（4）按住Ctrl键单击"图层1"载入选区，然后在按住Ctrl+Alt键，按向左方向键若干次，在"图层1"中复制图像，得到立体效果。

（5）将图像逆时针旋转30度。

（6）设置"图层1副本"为当前图层，将图像垂直翻转。

（7）对"图层1副本"重复步骤（3）～步骤（5）的操作，得到立体倒影。

（8）为"图层1副本"添加图层蒙版，并填充渐变，得到渐隐效果。

（9）调整"图层1副本"的不透明度为50%，完成。

第**9**章　Photoshop CS 网络应用

【本章主要内容】

随着网络的快速发展，制作精美的网页已成为一种时尚。很多人都在自己的网页中放置漂亮的图片或添加一些简单的动画，使得网页更加生动活泼。Photoshop CS 是制作网页很好的辅助工具，利用 Photoshop CS 及其附件 ImageReady CS 可以非常方便地制作用于 Web 的图片和 GIF 动画。本章主要就 Photoshop CS 的网络功能进行介绍。

【本章学习重点】

- Photoshop CS 制作 Web 图像
- Adobe ImageReady CS

9.1　Photoshop CS 制作 Web 图像

9.1.1　制作切片

切片是图像的一块矩形区域，可用于在 Web 页中创建链接、翻转和动画。用户可以通过为图像制作切片有选择地优化图像以便于 Web 查看。

1．制作切片

要为图像创建切片，可首先选中工具箱中的切片工具，此时将在图像的左上角显示 01 图，表示当前只有一个切片，即整个图像被作为一个切片，如图 9-1 所示。切片工具属性栏如图 9-2 所示，"样式"下拉列表中有 3 个选项："正常"、"固定长宽比"和"固定大小"，当选择"正常"时，用户可以在图像中拖动默认创建任意长宽比的切片；当选择另两项时，工具属性栏

图 9-1　选中切片工具后的图像窗口

的"宽度"和"高度"文本框将变为可用，在这里可设置切片的长宽比例或大小。若图像窗口显示参考线，工具属性栏中的"基于参考线的切片"按钮将变为可用。

图 9-2　切片工具属性栏

设置好"样式"后，在图像窗口中单击并拖动鼠标即可创建切片，如图 9-3 所示。使用这种方法创建的切片，我们称之为用户切片。

此外，用户还可根据图层创建切片。为此，可首先在图层控制面板中选中要创建为切片的图层，然后执行"图层" | "基于图层的切片"命令。例如，在图 9-4 中，要基于文字"bodybo"所在的图层创建切片，可先在图层控制面板中选中该层，然后执行"图层" | "新建基于图层的切片"命令，则创建的切片如图所示。

从上述两个创建切片的例子中可以看到，虽然我们只想创建一个切片，系统却自动生成了另

外 4 个附加自动切片，它们占据了图像中用户切片或基于图层的切片未定义的空间。每次添加或编辑用户切片或基于图层的切片时，系统都会重新生成自动切片。

图9-3　创建切片

图9-4　创建基于图层的切片

创建好切片后，我们还可对切片的位置和尺寸进行调整。

若创建的是用户切片，当把鼠标移至切片区域时，鼠标会自动变为 形状，此时单击拖动即可移动切片的位置；当把鼠标移至切片边界线上时，鼠标会变为双向箭头，此时单击并拖动即可改变切片的尺寸。如图 9-5 所示。

若创建的是基于图层的切片，又想改变切片的位置和大小，应首先在工具箱中先选中切片选

择工具 （此时工具属性栏如图 9-6 所示），并在工具属性栏上单击"提升到用户切片"按钮，此时就可想更改用户切片那样更改该切片了。

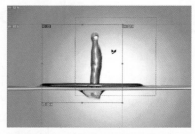

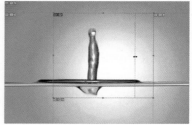

图9-5　改变切片位置和尺寸

图9-6　切片选择工具属性栏

要删除切片，只需在用切片选择工具 选中该切片后按 Delete 键即可。

此外，用户还可以利用切片选择工具属性栏中的按钮进行划分用户切片、隐藏自动切片、调整切片层次和编辑切片选项等操作。

2. 设置切片选项

要设置切片选项，可单击切片选择工具属性栏上的"切片选项"按钮 ，系统将打开如图 9-7 所示的"切片选项"对话框。对话框中各选项的意义说明如下：

- "切片类型"下拉列表：可为"图像"或"无图像"两种类型。若选择"无图像"类型，"切片选项"对话框将如图 9-8 所示，用户可在该对话框中输入显示在单元格中的文本。
- "名称"文本框：设置切片名称。
- URL 文本框：设置超链接地址。
- "目标"文本框：设置在何处打开链接

网页。

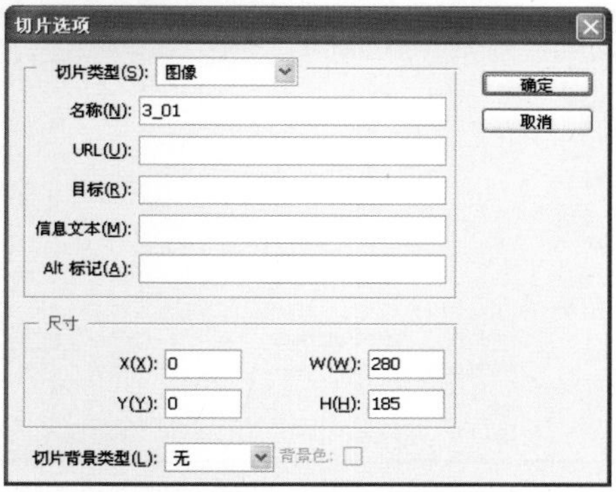

图 9-7　"切片选项"对话框

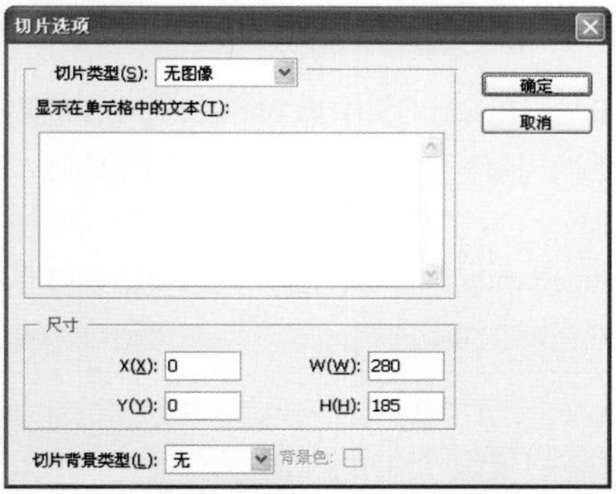

图 9-8　"无图像"类型"切片选项"对话框

- "信息文本"文本框：设置切片提示信息。当鼠标移至该切片区域时，系统将在浏览器的状态栏上显示该信息。
- "Alt 标记"文本框：对于非图形浏览器而言，可利用该文本框设置在切片位置显示的文字。
- "尺寸"选项组：设置切片的大小。

9.1.2　优化图像

优化是微调图像显示品质和文件大小的过程，以便用于 Web 或其他联机媒体。Adobe Photoshop 和 Adobe ImageReady 使用户可以在优化图像联机显示品质的同时，有效地控制图像文件的压缩大小。

优化图像有两种方法：基本优化和精确优化。

- 基本优化

对于基本优化，Photoshop CS 的"存储为"

命令使用户可以将图像存储为 GIF、JPEG、PNG 或 WBMP 文件。根据文件格式的不同，可以指定图像品质、背景透明度或杂边、颜色显示和下载方法。但是，添加到文件的任何 Web 特性（如切片、链接、动画和翻转）都不保留。

- 精确优化

对于精确优化，可以使用 Photoshop CS 或 ImageReady CS 中的优化功能，以不同的文件格式和不同的文件属性预览优化图像。当预览图像时，可以同时查看图像的多个版本（双联、四联方式）并修改优化设置，选择最适合自己需要的设置组合。也可以指定透明度和杂边，选择用于控制仿色的选项，以及将图像大小调整到指定的像素尺寸或原大小的指定百分比。

要精确优化图像，可执行"文件"｜"存储为 Web 所用格式"命令，此时系统将打开如图 9-9 所示的"存储为 Web 所用格式"对话框。

图 9-9　"存储为 Web 所用格式"对话框

对话框右侧设置区为优化输出的各种参数，通过设置各种参数可以达到优化输出的目的。其中，最上方的下拉列表中列出了系统自带的几种优化方案。预览区下方的信息显示区显示了优化输出图像文件的格式、容量、选定调制解调器速度下载图像所需的时间等。

提示
要输出带透明区的图像，必须首先在原图像中进行设置，并且只有当输出图像文件格式为 GIF 时，才允许保留透明区。用户可为不同的切片选择不同的输出格式。

单击"预设"设置区的 按钮可弹出如图9-10所示的快捷菜单,可以执行"优化文件大小"、"编辑输出设置"等操作。

图 9-10　快捷菜单

执行快捷菜单中的"编辑输出设置"命令,可打开如图9-11所示的"输出设置"对话框。

图 9-11　"输出设置"对话框

用户可利用该对话框设置 HTML 代码、网页背景图像和颜色、文件即切片命名方式等。设置好后,单击"确定"按钮返回存储为 Web 所用格式对话框并单击该对话框右上角的"存储"按钮,将打开如图9-12所示的"将优化结果存储为"对话框。

用户可利用该对话框设置保存类型(同时保存 HTML 与图像、仅保存 HTML 或仅保存图像)和输出切片的方式(输出全部切片或输出当前选中的切片)。保存好后,以后要在网页中使用此处输出的文件,只需简单地在网页中插入 HTML 文件即可。

图 9-12　"将优化结果存储为"对话框

9.2　Adobe ImageReady CS 简介

ImageReady CS 作为 Photoshop CS 的附件,主要用于制作网络上应用的图片和动画。单击Photoshop CS 工具箱中的 按钮,快捷地打开 ImageReady CS,其工作界面如图9-13所示。

图 9-13　ImageReady CS 工作界面

从图中可以看出,ImageReady CS 的工作界面和 Photoshop CS 的工作界面很相似。在整个窗口的下方是一个由切片、表和图像映射面板组成的面板组,再加上动画和 Web 内容面板,利用这些面板用户可非常方便地制作切片、动画、图像映射及翻转图像等。

9.2.1　制作图像映射

所谓图像映射有些类似切片,用户可在一幅

图像中制作多个图像映射区域，并可为每个区域建立与文本文件、其他图像、音频、视频或多媒体文件、该 Web 站点的其他页或其他 Web 站点的链接，也可以在图像映射区域创建翻转效果。

使用图像映射与使用切片创建链接的主要区别在于源图像导出为 Web 页的方式。使用图像映射时，图像作为一个文件按原样导出；而使用切片时，图像作为一个单独的文件导出。图像映射与切片之间的另一个区别是，图像映射使用户能够链接图像的圆形、多边形或矩形区域，而切片只能链接矩形区域。如果只需要链接矩形区域，使用切片可能比使用图像映射更可取。

要创建图像映射，应首先选中工具箱中的图像映射工具组中的一个工具，该工具组有 3 个选项，用户应该根据要创建的映射区域的形状选择合适的工具。映射工具组如图 9-14 所示，单击下方的 ▼ 可创建一个图像映射工具的快捷工具条。

图 9-14 图像映射工具组

假设我们要为一幅图像创建一个圆形的映射区域，选中圆形图像映射工具后，在图像中绘制圆形区域，如图 9-15 所示。

图 9-15 创建图像映射区域

然后在如图 9-16 所示的图像映射面板的 URL 文本框中输入超链接的地址即可创建图像映射；在 Target 下拉列表中选择用于打开目标网页的窗口；在 Alt 文本框中输入提示文字，当鼠标定位在图像映射区时，该提示文字就会出现。如在 Alt 文本框中输入"查看 Windows 文件夹"，

执行"图像"│"预览文档"命令，将鼠标移至图像映射区域内，结果如图 9-17 所示。

图 9-16 图像映射面板

图 9-17 显示提示信息

9.2.2 图像翻转

翻转是一种 Web 效果，当查看者在 Web 页的某一区域上执行鼠标动作（如滚动或单击）时，该效果将产生不同的图像显示状态。状态由图层控制面板的特定配置定义，包括图层位置、样式和其他格式化选项。通过一个实例来说明如何为切片制作翻转状态。

正常

指向　　　　　　　　　　　按下

图 9-18 3 种按钮状态

（1）用 Photoshop 制作一个按钮的三种状态的图像，如图 9-18 所示。分别对应按钮的正常、

指向和按下状态，它们分别占用一个图层。

（2）在 ImageReady 中打开该图像，调整好三个图层的顺序，此时图像窗口和图层控制面板如图 9-19 所示。

（3）选中按钮的任意一个图层，执行"图层" | "新建基于图层的切片"命令，创建切片后的图像窗口如图 9-20 所示。

图 9-19　调整好图层顺序

图 9-20　创建切片

（3）在 Web 内容面板中连续单击两次创建翻转状态按钮 ，系统将先后创建 Over（指向）和 Down（按下）状态，此时 Web 内容面板如图 9-21 所示。

（4）在 Web 内容面板中选中 Normal 状态，此时不要对图层控制面板进行任何操作，目的在于捕捉 Normal 状态的快照，此时图像窗口显示的正是 Normal 状态的图像。

图 9-21　新建翻转状态

（5）在 Web 内容面板中选中 Over 状态，并在图层控制面板中隐藏"正常"图层，捕捉指向状态的快照，此时 Web 内容面板和图层控制面板如图 9-22 所示。

图 9-22　捕捉指向状态的快照

（6）在 Web 内容面板中选中 Down 状态，并在图层控制面板中隐藏"正常"和"指向"图层，捕捉按下状态的快照，此时 Web 内容面板和图层控制面板如图 9-23 所示。

（7）按钮的翻转状态已经制作完毕，现在看一看预览效果。单击工具箱中的 按钮，打开预览网页，如图 9-24 所示。

（8）分别将鼠标移至按钮上和单击按钮，观察按钮的状态，如图 9-25 所示。

（9）执行"文件" | "将优化结果存储为"命令，打开如图 9-26 所示的对话框，按图示设置

存储 html 格式文档，系统将自动新建 image 文件夹存储按钮的 3 种状态的图像文件，每个状态对应一个 Gif 格式文件。

图 9-23　捕捉按下状态的快照

指向状态

按下状态

图 9-25　观察按钮状态

如果希望在按下按钮时，能有实际的用途，如打开某个网页或链接到某个网站，就应该为该按钮切片设置链接参数，方法如下：

切换到切片面板，按如图 9-27 所示设置各选项，我们设定按下 Search 按钮将打开一个新的窗口显示 C 盘根目录下 Windows 子文件夹中的内容，当鼠标停留在按钮上时，默认旁将显示"查看 Windows"提示信息，而状态栏上则显示"打开 C 盘 Windows 子文件夹"信息。

图 9-26　存储文件

设置完毕后，单击工具箱中的按钮，打开预览网页，将默认停留在按钮上，此时按钮状态、提示信息和状态栏均与和我们设置的相同，如图 9-28 所示。单击按钮，将在另一个窗口中打开显示 C:\Windows 文件夹中的内容，如图 9-29 所示。

提示：在制作网页的过程中，只需在切片面板的 URL 文本框中输入目标网页或网站的地址，

图 9-24　预览网页

单击按钮，即可建立链接了。

图9-27 设置切片选项

图9-28 指向状态

图9-29 C:\Windows 文件夹

可按类似方法为图像映射区域制作图像翻转。

9.2.3 制作动画

利用动画面板，可以很方便地制作动画，执行"窗口"|"动画"命令打开动画面板如图9-30所示。

图9-30 动画面板

其中，带有标号的缩略图显示的是每一帧的状态，单击每一帧下方的小"▼"按钮，可设置该帧的延迟时间。在面板左下角可设置播放动画的方式，是只播放一次还是重复播放。◀◀ ◀▮ ▶ ▮▶ 按钮组用于控制动画的播放过程。单击 ▯ 按钮可复制动画的当前帧，并将复制得到的一帧放置于当前帧之后。单击 ◦◦ 按钮可制作过渡动画。

和图像翻转一样，动画也要依赖于图层。动画的每一帧即为图层的一种组合状态，因此，通过打开、关闭图层显示，编辑图层内容，即可定义动画每一帧的状态。

通过一个简单例子来说明动画的制作方法。

（1）新建图像，输入"Photoshop"字样每个字母一种颜色，如图9-31所示。

Photoshop

图9-31 输入"Photoshop"

（2）新建"图层1"，填充黑色，并复制该层的8个副本,此时图层控制面板如图9-32所示。

（3）编辑对应于每一帧的图层，但并不匹配，这样便于统一操作。为此，将文字图层设置为最顶层，方便观察，如图9-33所示。

（4）制作圆形选区，如图9-34所示。

（5）设置"图层1副本8"为当前图层，按Delete删除选区内容。按键盘上的向右方向键移动选区，让选区将"h"字母框住，然后设置"图层1副本7"为当前图层，按Delete删除。以次类推，直到删除"图层 1"对应字母"p"的圆形区域，此时的图层控制面板如图 9-35 所示。

所示。

图 9-32 图层控制面板

图 9-33 文字层为最顶层

图 9-34 制作圆形选区

（6）对应于每一帧的图层已制作完毕，现在准备匹配图层与每一帧的关系。为此，将文字图层放置于"图层 1"之下，此时图层控制面板如图 9-36 所示。

（7）现在动画面板中存在第一帧的缩略图，如图 9-37 所示。

（8）为得到第一帧的图像，关闭"图层 1"～"图层 1 副本 7"的显示，此时动画面板如图 9-38

图 9-35 编辑图层

图 9-36 调整文字层位置

图 9-37 动画面板

图 9-38 匹配第一帧

（9）单击动画面板中的按钮，复制当前帧，然后关闭"图层 1 副本 8"的显示，并显示"图层 1 副本 7"，得到第二帧的图像，此时动画面板如图 9-39 所示。

图 9-39　匹配第二帧

（10）再单击 ▣ 按钮，复制当前帧，然后关闭"图层 1 副本 7"的显示，并显示"图层 1 副本 6"，得到第三帧的图像。照次方法继续，直到得到第九帧的图像，这里，我们不改变每帧的时间延迟，都是 0 秒，此时动画面板如图 9-40 所示。

图 9-40　匹配第九帧

（11）动画制作完成了，单击动画面板中的 ▶ 按钮播放动画，可以看到"Photoshop"的 9 个字母相继在一个圆形的白色区域中显现的效果。还可以单击工具箱中的 🖱 按钮预览该动画在网页中的效果。

（12）保存动画，将其存储为 Gif 格式的文件，以便在制作网页时使用。为此，在优化面板中将图像优化为 Gif 文档，然后执行"文件"｜"存储优化结果"命令，系统将打开如图 9-41 所示的对话框，设置好后单击"保存"按钮，以后就可使用该 Gif 动画文件了。

图 9-41　"存储优化结果"对话框

在上例中，如果只保留动画的第一帧和第九帧，然后单击动画面板中的 ⚙ 按钮，创建第一帧到第九帧的过渡，系统将打开如图 9-42 所示的对话框。按对话框所示设置各选项，单击"确定"按钮，系统将自动在第一帧和第九帧之间创建 8 帧图像，此时动画面板如图 9-43 所示。

图 9-42　"过渡"对话框

图 9-43　创建过渡

单击 ▶ 按钮可查看创建过渡后的动画效果。

9.2.4　优化图像

在 ImageReady CS 中，用户可直接在图像编辑窗口中观察图像优化输出结果，如图 9-44 所示。

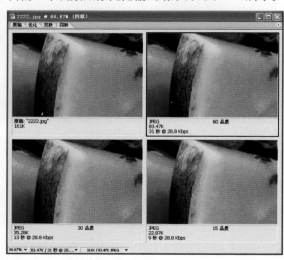

图 9-44　图像编辑窗口

利用如图 9-45 所示的图像优化面板可以方

便地优化图像。要输出优化图像文件,可执行"文件" │ "存储优化结果"或"文件" │ "存储优化结果为"命令。

图 9-45 优化面板

9.3 动手练练

- 请用 ImageReady 为一幅图像制作切片和图像映射,并为其建立超链接,然后利用图层控制面板和翻转面板制作翻转效果。

- 用 ImageReady 制作变脸动画,步骤如下:

(1) 打开如图 9-46 所示的素材图像,将它们放置于一幅图像的两个图层中。

图 9-46 素材图像

(2) 使用动画面板制作两帧动画,分别对应上述两幅图像,如图 9-47 所示。

图 9-47 两帧动画

(3) 单击 按钮,创建过渡,注意选中过渡对话框中的"不透明度"复选框,过渡的帧数越多,变化越细致。创建过渡后的动画面板如图 9-48 所示。

图 9-48 创建过渡